U0156072

纺织机械气体动力学

金玉珍　朱祖超　吴震宇　著

机械工业出版社

以压缩气体作为工作介质实现动力传输是纺织机械的重要发展趋势，而高速运行条件下的刚体/柔性体与气体混合的复杂气体动力学问题一直是纺织机械基础研究的重点、难点。本书详细介绍了作者及课题组成员多年来在以压缩气体作为动力的纺织机械研究方面所取得的成果，其中包括纤维运动的数值模拟方法、喷气织机中气流-纤维的耦合运动特性、气动捻接腔中纤维空气的捻接技术与装置、转杯纺纱器中纤维的运动特性等。

本书可供纺织类、机械类本科生、研究生作为教材或参考书；也可供纺织企业（棉纺织、毛纺织、丝织）和纺织机械制造企业的工程技术人员借鉴和参考。

图书在版编目（CIP）数据

纺织机械气体动力学/金玉珍，朱祖超，吴震宇著 . —北京：机械工业出版社，2021.2
ISBN 978-7-111-67546-4

Ⅰ.①纺… Ⅱ.①金…②朱…③吴… Ⅲ.①纺织机械－气体动力学 Ⅳ.①TS103

中国版本图书馆 CIP 数据核字（2021）第 030688 号

机械工业出版社（北京市百万庄大街 22 号　邮政编码 100037）
策划编辑：何月秋　王春雨　责任编辑：何月秋　王春雨　贺　怡
责任校对：王　延　　　　　　封面设计：马精明
责任印制：常天培
北京捷迅佳彩印刷有限公司印刷
2021 年 4 月第 1 版第 1 次印刷
169mm×239mm・15.25 印张・1 插页・263 千字
001—600 册
标准书号：ISBN 978-7-111-67546-4
定价：128.00 元

电话服务　　　　　　　　　　网络服务
客服电话：010-88361066　　机　工　官　网：www.cmpbook.com
　　　　　010-88379833　　机　工　官　博：weibo.com/cmp1952
　　　　　010-68326294　　金　书　网：www.golden-book.com
封底无防伪标均为盗版　　机工教育服务网：www.cmpedu.com

前言
Preface

　　纺织工业是我国重要的民生产业，在国民经济中占据着重要地位。纺织机械是纺织行业发展的基础，以压缩气体作为工作介质实现动力传输是纺织机械的重要发展趋势，也是纺织机械研究和开发的一个重要方向，在纺织生产过程中有着广阔的应用前景。例如在纺织机械中，以压缩空气作为工作介质，在引纬系统中纱线和气流产生复杂的非线性强耦合运动，在打纬、送经等机构的联合作用下实现织造，影响织物的入纬率和生产能力。又如，在气动捻接中，通过引入压缩、螺旋气流将两根断裂的纤维纱先退捻再捻接在一起，有效地减少了针织布上的空洞与钢筘处的断头，减少了织机上的停台与错纱，极大地提高了生产效率，降低了生产成本。再如，在纺纱过程中，以具有一定压力的空气作为工作介质将棉絮传输到转杯中，并在旋转、压缩气流的作用下凝聚、加捻成纱，使生产能力得到明显提高，减轻了工人的劳动强度，改善了工人的劳动环境。

　　以压缩气体作为动力的纺织机械是多场耦合作用下、长期持续运行的大型复杂系统，其设计与制造涉及机械、多体动力学、流体力学、机电控制等多学科领域。从基础理论层面看，这类纺织机械的核心共性科学问题是高速运行条件下刚体/柔性体与气体混合的多相、多自由度耦合复杂气体动力学问题，具有非线性、非定常、多耦合、多参数等特点。本书比较系统地从气体动力学的角度去探讨纤维（纱线）运动与几种气体动力型纺织机械关键部件的几何参数、气流特性之间的关系，揭示不同工况下纤维-气流的耦合运动特性，阐述关键部件设计优化规律，提出流体动力优化设计途径，对高性能气体动力型纺织机械的进一步研制和应用具有重要的现实指导意义。

　　本书是作者及课题组成员多年来在纺织机械气体动力学研究方面所取得的成果总结。课题组李俊、李相东、胡小冬、崔靖渝、熊海浪、朱世赫、石鹏飞、陈兵海、周英杰等为本书的写作做出了重要贡献。本书在成书过程中，得到了浙江理工大学、浙江日发纺机技术有限公司和浙江泰坦股份有限公司等高校和企业有关老师和科技人员的大力支持，在此一并表示衷心的感谢！

本书所涉及的作者及课题组成员的工作都是在国家自然科学基金项目（No. 51976200）的资助下进行的，在此深表谢意。

由于本书涉及的内容比较广泛，且研究方法在不断发展中，加上作者的学术水平有限，书中难免会有不足之处，恳请读者批评指正。

本书可供纺织类、机械类本科生、研究生作为教材或参考书；也可供纺织企业（棉纺织、毛纺织、丝织）、纺织机械制造企业的工程技术人员借鉴和参考。

作　者

目录 ◑

Contents

Chapter 1

第1章 概述

  自从第一次工业革命以来，人类生产从手工业转变为大范围的机器生产，纺织行业也从人力纺纱、织造转变为机器代工。用气体作动力来传输纤维在纺织工业领域具有广泛的应用前景。例如转杯纺纱，利用气流对纤维进行分梳、剥离、杂质排除、输送和凝聚，纤维在气流中的指向、均匀度、扭曲度等直接决定了成品的质地、强度和手感；又如喷气涡流纺纱，利用喷射气流形成涡流完成纺纱工艺，涡流场影响纤维旋转端的形成和纤维被吹散分离的效果，影响加捻程度；再如空气捻接，利用气流使两纤维发生相互缠绕的过程，纤维在气流中的缠绕模式、缠绕紧密度等决定捻接强度、接头尺寸。

  纤维在高速气流场中运动，气流与纤维相互影响。悬浮于流场中的纤维，在流场作用下具有明显的柔性变形，包括伸缩、弯曲、扭转等，而纤维的存在及运动也将改变气流场的密度、速度、旋转角速度等，对两者的研究涉及多相流动力学、流变学、湍流理论、统计力学、多体动力学等多个学科分支，是一个复杂的动力系统。虽然现在有不少学者对气体-纤维两相流运动这一动力系统进行了一些研究，并取得了一定的成果，但是仍然有些问题没有得到解决。其主要原因：一是纤维是柔性体而非刚体，用数理模型描述纤维的伸缩、弯曲、扭转，以及纤维间聚集、碰撞、缠绕等十分困难，纤维几何形状上的非各向同性和存在主轴的特点，使得除了确定纤维的受力之外，还要确定纤维的取向，这增加了描述纤维运动的方程数量以及求解的难度；二是纤维运动特性与气流场中的速度、旋转角速度、漩涡卷起-发展-脱落、压力脉动等的联系机理、纤维对气流场的反向作用机理、混合物的应力与应变率的关系十分复杂，气体-纤维两相流模型难以建立。由于这些关键问题没有得到很好的解决，极大地制约了高性能气体动力型纺织机械的研制和应用。因此，非常有必要针对纺织机械中纤维在气流场中的运动开展基础研究，对其进行研究不仅有学术价值，而且对相关的应用领域具有指导意义。

1.1　几种典型气体动力型纺织机械的机构

气体动力型纺织机械是指以压缩气体作为工作介质实现纤维动力传输的机械，它包括喷气织机引纬机构、空气捻接器、转杯纺纱器等。下面就先来了解一下这几种机械的主要机构和工艺。

1.1.1　喷气织机引纬机构

图1-1所示是一个引纬机构的简图，它由储纬器、主喷嘴、辅喷嘴和异形筘等组成。纬纱从纬纱筒子中伸出，绕在储纬器的鼓轮上，在主喷嘴和辅喷嘴喷射的高速气流牵引下，利用空气的流动及喷射成束特性将纱线牵引入由经纱和异形筘组成的梭口，纱线在筘槽中运动到达梭口的另一端，完成引纱。

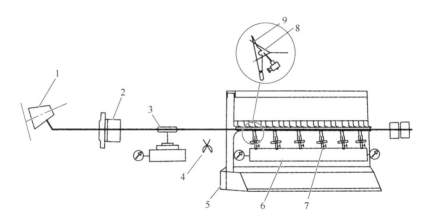

图1-1　引纬机构的简图

1—纬纱筒子　2—储纬器　3—主喷嘴　4—剪子　5—机架
6—气缸　7—辅喷嘴　8—经纱　9—异形筘

从喷气织机引纬机构的工作过程可以得知，激励喷嘴喷出的气流及其与纱线耦合运动特性在气流引纬的整个过程中起到了非常关键的作用。喷嘴喷出后的高速气流特性及纱线在气流中的运动特性是影响喷气织机效率及织物质量的重要因素。要进一步提高喷气织机的性能，最关键的一点就是要从流动角度来改进喷气织机引纬结构的设计，使纬纱运动时受力最大、飞行速度最快、波动最小，提高织机入纬率。

1.1.2　空气捻接器

气动纱线退捻的示意图如图 1-2 所示，空气捻接器的关键构件包括：夹纱器，主腔盖，由进气管和退捻管组成的退捻腔，剪纱器和加捻腔。在捻接器运行前，两根纱线以相互叠合的方式平行放置在捻接器的沟槽内。随着进气阀的打开，两端的剪纱器在凸轮机构的驱动下将纱线尾端剪断。随后由进气管流出的压缩气流将纱线端头吹进退捻管内，并在退捻管内转变成螺旋气流迫使纱头完成纤维的解捻。

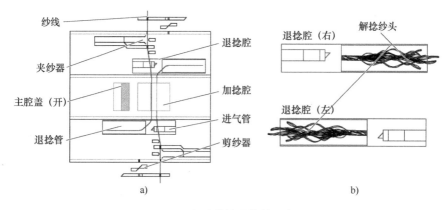

图 1-2　气动纱线退捻的示意图

气动纱线加捻的示意图如图 1-3 所示。随着纱线端头退捻的完成，在牵引杆和夹纱器拖杆的拖拽下，解捻的纱线断头以相互平行的方式被引入加捻腔。然后在凸轮的驱动下主腔盖被关闭，加捻气路被打开。压缩气流从进气孔进入加捻腔后转化成螺旋气流。在腔内气流的作用下，捻的纤维须条以螺旋的方式相互缠绕。最终形成如图 1-3b 所示的无结头的捻成纱。

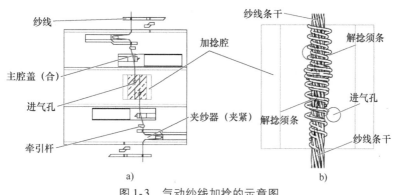

图 1-3　气动纱线加捻的示意图

气动捻接技术由于捻接时加捻腔体较小、捻接过程迅速、气流流动复杂、影响纱线捻接接头性能的因素较多等因素，目前对气动捻接的原理理解还不够清晰，需要研究捻接过程中纱线的运动规律及流场的分布特性，其中包括不同退捻腔的结构参数对退捻气流场及纱线最终形貌的影响、加捻腔内纱线在气流场作用下的运动规律，以及通过试验的方法对纱线捻接质量和外观进行对比，为获得更可行的捻接技术提供理论支持。

1.1.3 转杯纺纱器

转杯纺纱器利用转杯旋转产生的离心力和给定的负压进行纤维的输送、凝聚等，最终加捻成纱。转杯纺纱器主要由分梳辊、纤维输送通道、转杯、假捻盘和引纱罗拉等关键部件组成。抽气式转杯纺纱器如图 1-4 所示。当纤维条通过喂给罗拉喂入分梳装置时，纤维条被分梳成单纤维或纤维群。在该过程中，纤维条中的杂质颗粒（如灰尘）落纤在分梳腔内受到离心力和负压的共同作用被分离出去。分梳后的纤维在负压作用下由纤维输送通道进入转杯，然后沿滑移面进入凝聚槽内凝聚，借助转杯旋转加捻成纱，后由引纱罗拉引出。

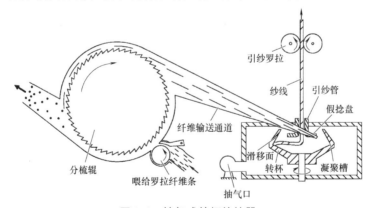

图 1-4　抽气式转杯纺纱器

目前对于旋转气流场特性、纤维在旋转气流场中的受力情况和柔性形变的演变规律都不甚了解，需要深入研究建立纤维运动、柔性形变与气流场特性之间的映射关系，为提高转杯纺纱器的性能提供理论依据。

1.2　喷气织机中气流-纤维耦合运动特性研究的发展现状

在气流特性研究方面，美国奥本（Auburn）大学的 Adanur 在 1991 年对单喷嘴喷气引纬系统中的气流速度做了定性分析[1]，动态气流速度测量表明，气流速度取决于距离和时间，并随着时间增加而加快（距离不变），随着离喷嘴距离的增加而减慢；在 1996 年开发了一种单独的流动模型模拟气流在单喷嘴喷气下穿过半敞开且有波纹的引纬槽[2]，研究了引纬槽内的亚音速气流速度，并计算了引纬槽内的气流摩擦系数和对纱线的牵引力；在 2004 年测量了管道和异形筘喷气引纬仿真器中的空气压力和速度[3]，分析了织机运转速度、供气压力和距离对引纬气流特性的影响。Adanur 的试验模型主要针对单喷嘴流动特性，仅从单点压力、速度去分析气流场特性，还没有从多喷嘴合成气流场的角度去分析和优化引纬系统。

日本的 Okajima 等人[4]针对各种不同长度加速管的喷嘴，用试验方法测量喷嘴壁上的静态压力、射流速度分布，并改变供气压力和加速管的长度来研究分析喷嘴管内的流速变化。他们具体研究了储气罐供气压力为 0.2～0.6MPa 的射流特点，获取基本数据以对喷气织机的喷嘴进行结构优化设计。他们通过改变喷嘴的几何参数研究喷嘴内部的流场特性，但采用接触式测量装置测试狭小喷嘴内的压力和速度这种方法会导致较大的人为误差。

Shintani 等人[5]测量和分析了目前常用辅喷嘴的射流速度分布以弄清它的特性。他们测量了四种不同出口形状的商用辅喷嘴的气流速度，结果清楚地表明，从辅喷嘴喷射出来的气流衰减特性并不取决于出口的形状，与从圆形管喷嘴喷出的轴对称射流相似。而且，研究发现射流喷射角度应随供气压力的变化而变化，因此在实际工况下有必要根据供气压力的大小调整辅喷嘴的角度和位置。他们得出结论认为，多孔喷嘴在这四种辅喷嘴中表现最佳。在接下来的研究中[6]，他们用热线风速仪测量了喷嘴出口和射流中心处的速度分布，以检验辅喷嘴出口处的气流状态，并阐述了管道截面积和喷嘴出口外形对射流喷射角度的影响。结果表明，轴线气流速度的衰减与距喷嘴出口的距离成反比，其衰减特性类似于从圆形喷嘴喷出的轴对称射流。喷射角度随出口速度、管道截面积和喷嘴出口形状而定。

Fukai[7]讨论了喷气织机的主喷嘴模型内通以压缩流量空气后，加速管中的气流特性。用热线风速仪测量了流量比逐步改变时纬纱加速管内的气流速度。当给加速管供给适当速率的气流时，可降低管道轴线的速度损失和抑制管道内的湍流。同时，他还证明可只用一个喷嘴和部分敞开的管道，不要辅喷嘴，完成引纬也是可能的。他通过改变流量比的方式研究喷射气流特性，但没有针对喷嘴喷出后的流场进行研究，也没有针对不同纱线特性如何设置喷嘴和引纬通道以及如何降低气耗进行分析。

Oh T H、Kim S D 和 Song D J[8]分析了激励喷嘴的结构、分流层长度、喷嘴口径、喷孔位置，总结了射流在轴线上的最大速度衰减规律。为获得喷气织机最佳主喷嘴形状的基本设计数据，预测跨/超音速内部气流的速度，采用了基于典型湍流的差分法来求解压缩空气纳维-斯托克斯（Navier-Stokes）方程。他们的流动数值计算是针对封闭的喷嘴芯进行的，这与实际应用存在一定的差别，且对半封闭的射流流道模型参数如何设置没有进行说明，没有对射流流动参数与合成射流核心区之间的关系进行研究。

国内颜幼平、张文赓等人[9]对辅喷嘴产生的间歇射流进行了理论分析，认为主喷嘴开始供气比引纬早 Δt_1，各辅喷嘴供气超前纬纱头端到达该组辅喷嘴的时间 Δt_2 时，纬纱头端始终处于定常高速气流的作用下，可减少由于松弛而产生的弯曲、萎缩、缠结等现象，但对不同的纱线特性摩擦阻力系数不一致时 Δt_1、Δt_2 应如何设置却没有深入分析。

张平国等人[10-11]对常用的几种喷嘴进行淹没射流测试，揭示了主喷嘴射流压力衰减率与射流距离及喷嘴芯内径的关系，认为调节主喷嘴喷嘴芯的转角对主喷射气流的压力、风速及对纬纱牵引力的影响不大。主喷嘴气流压力衰减率存在一个峰值，但对如何避开压力衰减峰值、形成最优的合成射流核心区利于纱线飞行却没有进一步分析。

叶国铭等人[12]尝试利用复式理论，将喷射气流模拟成两个涡偶，得到通道中气流沿 x 轴方向的速度方程，并对影响速度分布的各个参数进行讨论，这一理论对分析合成射流特性有一定的借鉴作用，但他们没有对纱线在涡偶中的运动做进一步分析研究。

在纱线运动研究方面，Shintani 和 Okajima[6]利用热线风速仪详细地测量了多喷嘴激励在半敞开且有波纹的管道内的气流速度分布，认为在所有的因素中，包括供气压力和主、辅喷嘴的喷射时间等，主喷嘴中的供气压力对纱线速度的影响最为强烈。他们对喷嘴喷出后的合成射流速度和压力进行测试，但没有对合成射流稳定和核心区的确定做进一步深入研究。

Githaiga[13]提出了利用蒙特卡洛（Monte Carlo）仿真的控制策略，将各参数作为影响因素设计于模型中，试图建立喷气织机上合成气流场与纱线之间的数学模型。

美国 Sabit Adanur[1-2]分析了单个喷嘴作用下的纱线飞行速度以及非稳态运行条件下纱线运动的动力学过程，并为此开发了一套气流摩擦系数测量系统，对两种不同纬纱的气流摩擦系数进行了测定，但对多喷嘴合成气流场中纱线速度的测试误差较大，也忽略了纱线运动对流场的反作用力。

Iwaki 等人[14]分析了喷嘴内的纱线张力，测量了一些类型喷嘴内的气流流速，用基于雷诺数下的摩擦阻力系数计算不同结构和支数等特性的纱线张力，通过测试纱线张力代替纱线牵引力进行纱线受力分析，但没有对纱线运动和气流流动的两相关系进行计算分析。

Okajima[15]分析了引纬末期纱线的动力学特性，他通过测量各种涤纶纱线对空气的阻力系数，研究影响空气与纱线间阻力系数的因素。虽然他对不同涤纶纱线在射流喷射结束时的运动特性进行了较为详细的分析，但对整个引纬过程中纱线的运动状态以及合成气流场的影响因素缺乏系统研究和深入分析。

Githaiga[13]研究了纱线特性以及生产（纺纱）参数和纱线的纤维特性对引纬速度的影响，并用 20 个不同品质的棉纤纺了大量的棉纱，然后用喷气测试仪器对所纺纱线的各项参数和纱线的速度进行了系统测试，建立了统计模型和 BP（反向传播）神经网络模型，指出纤维品质和纱线生产参数对引纬速度有重大影响。他的研究以纱线运动速度作基准，通过大量的试验研究建立纱线特性与引纬速度之间的关系，虽然只考虑气流对纱线运动速度的影响，但也不失为一种较好的研究手段。

王伟宾[16]用试验方法比较了喷气织机辅喷嘴气流射入主喷嘴气流的夹角和相邻两只辅喷嘴的间距对汇合后主气流流场速度分布的影响，并讨论了流场速度分布的变化与引纬过程中的纬纱稳定性的关系。

由于射流间的碰撞规律很复杂，国内外针对多个激励喷嘴喷射合成气流场的试验研究不多见，对于如何形成快速、稳定的合成气流场以及相关关键部件的设计，纱线在气流中的运动状态，受制约的因素等还没有提出系统的理论和研究方法，需要做进一步的探索。

1.3 捻接腔内纤维空气捻接特性的研究现状

气动捻接是将由多根长丝组成的两个分离的纱线端部组合成无结纱线。在捻接过程中，两个纱线末端的长丝相互缠绕，在高速螺旋气流下形成一个微小的接头。气动捻接能够有效减少针织布上的空洞与钢筘处的断头，减少喷气织机上的停台与错织，极大地提高了生产效率、降低了生产成本。

闫海江等人[17]通过 L9（33）正交试验对 No. 21C 型络筒机上的空气捻接器进行了参数优化，得出了适用于莫代尔 9.8tex 纱、竹浆纤维 14.8tex 纱和竹浆

纤维 9.8tex 纱的最优工艺参数。吴震宇等人[18]通过三因素三水平正交试验对捻
接纱线进行了断裂强度测试,分析了进气压力、退捻时长以及叠合长度对强度
的交互影响规律,得出了进气压力大于叠合长度大于退捻时长的影响顺序。Das
等人[19-20]发现,更高的进口气压可以提高环锭纱的捻接接头强度,而捻接时长
对捻接接头强度的影响较小,还发现保留捻接强度(RSS)随着进气压力的增
加会先增加后减小,但会一直随着纱线捻度的增加而增加,而保留捻接伸长率
(RSE)则会随着纤维摩擦和捻度的增加而增加。Rutkowski[21]对两种不同线密
度的棉纱无结接头强度进行了分析。Baykaldi 等人[22]发现断裂强度受捻接气压、
捻接持续时长、捻度和纱线线密度影响,而影响断裂伸长率和捻线直径的参数
包括进气压力和捻度。Jaouachi[23]采用模糊数学方法对捻接后开口纺纱的外观、
强度和捻度进行了预测。De Meulemeester 等人[24]通过试验设计方法得出结论:
捻接接头的高强度是最大进气压力、最小捻接时长和优化腔体结构的结果。
Ünal 等人[25-26]采用人工神经网络方法和响应平面分析方法研究了不同参数对捻
接纱线的强度、伸长率和保留剪切直径(RSD)的影响。

对于捻接过程中气流特性和纱线的动力学特性却难以进行定性描述。一方
面主要是由于退捻腔和加捻腔内复杂的流体动力学分析找不到可靠的理论支撑。
另一方面是由于机构运行时,腔体处于封闭状态,且内部气流高速运动,所以
对腔内纤维运动难以捕捉完全。因此这就需要不断地进行可视化试验及理论研
究来深入地了解纤维捻接机理以得到更加可靠的无结头捻成纱。

此外决定纱线纱头退捻及纱线加捻质量的主要影响因素包括退捻腔及加捻
腔的各个结构参数,以及如进气压力、退捻时间、加捻时间、纱线叠合长度等
捻接工艺参数,不同的参数配置对于最终捻成纱的强力和外观都有一定程度的
影响[27]。

随着计算机科学技术的发展,一部分学者开始使用 CFD 仿真软件对捻接过
程中的气体流动做出模拟探究。胡晓青等人[28]将 FLUENT 与三维 CAD 软件 UG
相结合,完成了复杂零件计算域的抽取,通过双方程湍流模型有效地仿真出了
符合实际情况的空气流场,并建立相应的参数优化模型。Guo[29]运用 realizable
k-ε 湍流模型研究了扩散管内切向进气口引起的湍流旋流衰减流动特性,并讨论
了进气口压力和进气口位置对衰减流动的影响。常德功等人[30]通过 FLUENT 仿
真了三孔捻接腔的流场分布,发现切向速度在进气孔处最大,在出口处几乎为
零,轴向速度以中心轴为中心对称分布,从进气孔向捻接腔出口逐渐减小。陈
琳荣[31]依据 CFD 方法对加捻腔内气流场从开始形成到稳定的瞬态流动过程进行

分析，研究了气体压力、速度等的分布规律，同时，根据等温罐放气法验证了仿真的有效性。陈兵海[32]通过提取 FLUENT 模拟的仿真数据来表征出螺旋比（即周向气流强度与轴向气流强度的比值）来探索槽宽对捻接接头的影响。Xing[33]使用 standard k-ε 湍流模型仿真流场发现捻接腔体中的气流是接近音速的，并且有两个相反的涡旋。Eldeeb[34]对空气喷射纺丝喷嘴内的气流场进行了三维数值模拟。分析了成纱速度和压力分布并描述了成纱原理。通过对速度分量和静压的分析，揭示了喷嘴内空气涡的形成过程。通过理论研究和试验验证，研究了喷嘴压力对喷气纱韧性的影响。Osman 等人[35]通过对不同结构的捻接腔内流场进行大涡模拟，发现形成捻接的重要因素是两个反向的强涡旋和存在于反向涡旋界面上不稳定的速度方向，进而又深入了解了对获得良好捻接特性具有重要意义的参数。

林庆泽[36]设计了用于纤维捻接观察和张力测试的可视化试验平台。石鹏飞[37]对纱线在加捻腔中的气动捻接行为进行了仿真和试验研究，采取高速照相机来记录纱线捻接行为中纤维的运动状态，对比分析了不同叠合长度对结果的影响。Wu 等人[38]将流场仿真结果与可视化试验相结合，深入揭示了纱线捻接过程中接头的成形机理，并在不同叠合长度与不同进气压力下验证了解释的可靠性。在 Webb 等人[39-40]关于捻接接头成形的研究中，气流被替代为水作为流动介质，并将捻接纱线和捻接腔体按比例放大，以清楚地观察长丝的动态行为。

1.4 转杯纺纱器中纤维运动特性的研究

转杯纺纱以气流为工作介质，棉条在分梳成纤维后，被输送到转杯内，在转杯高速回转的离心力作用下，纤维沿杯壁滑入转杯凝聚槽内，凝聚成纤维须条，经牵拉成纱线。成纱是在力、流体、热等多物理场耦合作用下，伴随棉条材料组织的演变和形状的生成进行的，其机理极为复杂。在此过程中，转杯几何曲面、凝棉槽构型、开口位置、开口率等拓扑结构决定了腔体内气体流场的特性，直接影响成纱质量、效率和可靠性。

1959 年，Forgacs 和 Mason[41]进行纤维力学的试验，主要关注库爱特（Couette）流中纤维的运动情况。他们通过多次试验，观察到纤维所做的复杂旋转运动，纤维的柔性不同，纤维在 Couette 流中的旋转运动也不同。他们的结论是纤维旋转运动的方式取决于纤维的柔性。

随着技术的进步，对气流场内纤维运动的试验研究有了更多的方法。此后，更多试验方法应用到纤维-气流耦合作用的研究之中。1976 年，Lunenschloss 等人[42]利用红外摄影技术探究转杯纺纱器的纤维输送通道内纤维的运动与形态分布取向。1978 年，EK R 等人[43]通过试验测量了纤维/空气悬浮液中的局部速度和浓度，他们率先使用激光-多普勒测速技术，创新了研究气流中柔性纤维的试验手段。随后，Howaldt 和 Yoganathan[44]利用相同试验技术研究了纤维群中流体输送的特征。1989 年，Baner[45]建立了简化的转杯纺纱器纤维输送通道模型，同样利用激光-多普勒测速仪研究了纤维输送通道内纤维与气流的速度。

1988 年，Lawrence 和 Chen[46]利用高速摄影仪研究转杯纺纱器中纤维从分梳辊分离进入纤维输送通道和纤维在纤维输送通道内的输送情况。他们认为：纤维的长度显著影响气流场中的形态；短纤维更容易从除杂口逃逸分离，长纤维会顺着分梳辊的齿针运动进入纤维输送通道内。在他们随后的研究中，二人从试验得到数据从而建立经验公式，优化了纤维输送通道的设计，最后通过试验证实了优化的纤维输送通道在输送伸直纤维方面的优越性。之后，Wand 等人[47]基于高速摄影技术，研究分析了纤维粒子与气流的相互作用及其应用。

1993 年，Bragg 和 Shofner[48]采用光束扫描方法揭示了流场中纤维的速度。他们发现流场中每个纤维的速度并不相同。2000 年，Zhang 等人[49]对二维下皂膜中柔性细丝的摆动问题进行了试验研究。他们发现柔性细丝仅有两种运动状态：拉伸和摆动，让大家对该类问题中柔性体的运动状态有了更新的认识。

唐佃花等人[50]和郁崇文等人[51]对纱线在喷气纺纱机激励喷嘴内部的动力学过程进行了比较分析，对气压、喷嘴长度、导纱管直径、导纱管内壁的摩擦系数等因素对引纬的影响做了理论和试验比照，对喷嘴的设计有很好的参考价值。

曾泳春[52]采用数值模拟和试验研究两种方法对喷气纺纱机中喷嘴压力、喷孔倾角和喷孔位置等喷嘴参数对喷气纱拉伸性能的影响进行了深入的研究。他们的研究是针对喷气纺纱机的，重点在于喷嘴几何参数对纱线拉伸性能的影响。

目前对多场作用下成纱机理、转杯与凝棉槽拓扑结构的优化设计、流场特性对成纱质量和效率的影响规律尚无深入研究，是国际上尚未解决的难题。

1.5 纤维运动数值模拟的研究现状

与一般的固体颗粒不同，纱线具有比较特殊的物理特征：长径比大，有一定的弹性和柔性，相对来说对它进行建模比较困难，研究成果也较少。

1922 年，Jeffery[53]首次将纤维当成刚性椭球体来处理，观察基本剪切流内纤维的运动情况，他们得到的结论为：纤维的旋转轨迹取决于相对剪切面的初始方向。然而，实际上纤维的刚性椭球体假设没有足够的自由度来描述模拟纤维的行为，无法描述纤维的形变，这样并不能很好地描述柔性纤维在外力作用下的变形等，这就限制了该理论的应用范围。

1993 年，为了模拟柔性纤维，Yamamoto 和 Matsuoka[54-55]提出了一种球-簧链模型。该模型把纤维看成是由一连串的球体（spheres）连接而成，即把纤维看成由 n 个半径为 a 的球体相互连接而成。这种方法需要在运动方程中加入拉伸系数、弯曲系数和扭转系数以实现纤维拉伸、弯曲和扭转，模拟纤维的动态特性。所以纤维的速度，即球的速度通过解上述的运动方程就可获得。而实际上纤维的长径比大，包含多个球体运动方程，所以求解该模型的计算非常费时间。

1994 年，Smith 和 Roberts[56]建立了一个新的数学模型。该模型认为纤维是由一系列球形单元组成的，各个球形单元之间由无质量的刚性杆连接。他们引入体现纤维柔性的弯曲刚度系数，建立了纤维运动轨迹关于时间和纤维初始位置的函数。然后，他们用有限差分法模拟了二维加速层流中纤维由弯曲变为伸直的过程。

1994 年，Chen 和 Slater[57]把纤维看成质点，并从理论角度探究其在转杯内的运动。他们在确定转杯内纤维运动无切向运动的基础上，建立了纤维在转杯内壁上的运动方程，求解方程得到纤维在滑移面上的运动时间。但由于条件过于简化，他们的结果也有很大的局限性。张长乐[58]也采用了同样的模型分析这一问题。他们主要采用理论推导的方法得到描述纤维运动的方程，并分析了纤维形态变化的原因。但该研究把纤维简化成一个质点，不考虑纤维的大长径比和形变，模型过于简化，对于实际应用时的参考价值有限。

1997 年，Kong 和 Platfoot[59]把纤维看作是由不计重量的柔性链（chain）连接而成的一系列的带质量的离散分布。与 Smith 和 Roberts 相似的是，为了表现纤维的弯曲形态，他们引入了弯曲系数。他们借此模拟了纤维输送通道内的纤维运动。所得到的结论为：输送通道内部的回流区显著破坏了纤维的伸直性，增加了纤维弯曲节点和在其内部的输送时间。而该方法的缺点是，这种模式不能准确描述纤维的弹性变形。

2000 年，朱泽飞和林建忠[60]采用刚性粒子模型模拟纤维，全面考虑纤维粒子的受力，包括附加质量力、浮力等，建立了对应的运动方程，研究纤维粒子在流场内的运动情况，并与风洞试验相结合，创新了该方面的研究方法。

2002 年，Zhu 和 Peskin 等人[61]通过浸没边界法（immersed boundary method，IBM）对皂膜中柔性细丝的摆动进行了数值模拟。他们的模型由二维层流中有一个固定端的一维浸没移动边界组成。边界对皂膜施加弹性力，并以相同于该处皂膜的速度移动。细丝视为一连串的可移动的一维拉格朗日点。由于区域密度是不均匀的，他们采用多重网格法来离散流体方程。模拟的结果和 Zhang 等人[49]对流动的皂膜中柔性细丝的摆动问题进行的试验研究的数据相吻合。结果表明：模型中只有考虑到细丝的质量时，细丝才会持续振荡。在一定的范围内，细丝的质量越大，振幅越大。他们也表示：当细丝足够短小时（低于某一关键的长度），细丝将保持接近伸直且静止的状态，它指向下端。但当长度足够大时，系统就呈双稳态。细丝随时会转换成另一种状态，即持续振荡或稳定静止。

2003 年，Zeng 等人[62]针对模拟高速气流中的纤维提出了珠-弹性杆（bead-elastic rod）模型。该模型认为，纤维链由无质量的杆连接珠子而成。可以通过改变相邻珠子的距离实现拉伸，通过改变连续杆的弯曲挠度实现弯曲。该模型的新颖之处在于它包含了纤维的弹性模量和抗弯刚度。故而可以用来描述纤维的弹性和柔性。弹性杆-珠的连接模式代替了球体-球体模型，解决了计算耗时的问题。之后，Zeng 等人[63]应用拉格朗日法数值模拟气流中纤维的运动。他们简化了模型：一方面，忽略纤维对流场的作用；另一方面，忽略纤维间以及纤维壁面间的作用力。简化是为保证可以先单独计算气流场，再借助气流场和纤维的相互作用原理计算纤维的运动。利用相似的方法，曾泳春[64]模拟了喷气涡流纺纱机中单纤维在喷嘴中的运动。高速摄影仪拍摄到的图像验证了他的结论，同时该结论也得到其他研究人员试验结果的支持。

2005 年，Zeng 等人[65]提出一种改进的珠-弹性杆模型，采用欧拉-拉格朗日复合法（mixed Euler-Lagrange approach）模拟气流场中的纤维运动，即将拉格朗日法用于颗粒相求解，同时将欧拉法用于流体相求解，在模拟中引入了双向耦合。他们提出的模型被运用于纺织领域，对于喷气纺纱机喷嘴中纤维和气流的相互作用的研究来说，这是非常重要的改进。

2007 年，Zhu[66]通过 IBM 模拟固定中心点的弹性纤维和浸没的不可压缩黏性流的相互作用，探究雷诺数、纤维弯曲模量和纤维长度对旋涡脱落的影响。同年，Zhu 和 Peskin[67]用 IBM 从数值上研究二维不可压缩黏性流中柔性纤维的阻力。在该研究中，他们把纤维的形状和阻力计成来流速度、纤维长度、抗弯刚度和纤维质量密度的函数，该方法创新了纤维受到的阻力的研究方法，开拓了研究思路。

2011 年，裴泽光[68]针对喷气涡流纺纱机中的涡流与纤维的相互作用，建立了动力学模型。为了体现纤维的柔性，该模型用完全拉格朗日法模拟纤维的运动，其中用到杨氏模量。在求解纤维在气流场中的耦合与变形时，该方法用到了任意拉格朗日-欧拉法。而对纤维与喷嘴壁面接触方面的求解用到了约束函数法。两种方法的结合很好地处理了高速涡流中纤维的运动问题。裴泽光和郁崇文[69]采用相同的方法模拟了二维喷气涡流纺纱机喷嘴内单纤维的运动情况。模拟结果也得到了试验的验证，纤维的柔性体现得很好。

2011 年，Tian 等人[70]采用改进的罚-内置边界法（modified penalty approach）求解流固耦合问题。该方法结合了浸没边界法和多块格子 Boltzmann 法（lattice Boltzmann method，LBM）的特点，对不可压缩来流和其中具有有限质量的弹性边界进行建模，通过模拟流场内单个、两个和多个柔性纤维的摆动，说明了该方法的正确性和其计算的高效性。

2012 年，Vahidkhah 和 Abdollahi[71]采用了浸没边界-格子 Boltzmann 法（immersed boundary-lattice Boltzmann method，IB-LBM）对二维黏性均匀来流中无质量且一端固定的柔性纤维的形变进行数值模拟。他们用格子 Boltzmann 法（LBM）解决牛顿流场的问题，同时用浸没边界法（IBM）模拟与来流相互作用后柔性纤维的形变。该研究得出了纤维形变、流体速度场和纤维长度随时间变化的情况。

2014 年，Yuan 等人[72]采用基于动量交换的 IB-LBM 法，模拟一根考虑质量，并且一端固定的柔性细丝在流场中的摆动情况。他们通过实际对比，验证了该模拟方法的准确性。同时，他们发现：弯曲模量在很大程度上影响着纤维的状态。在此基础上，他们也模拟了两根并排摆放且其他条件相同的柔性细丝的摆动及它们之间的相互影响。

气流-纤维两相流模型的建立涉及流体力学和弹性体力学，弹性体的运动或变形影响流体的受力和运动；同时，流体的载荷施加到弹性体又改变弹性体的运动或形状。由于纤维建模的复杂性，人们基于关注点不同而采用不同的模型，通常采用以下几种类型。

1. 欧拉-欧拉法

欧拉-欧拉（Eulerian-Eulerian）法是在欧拉坐标系下，把离散相和连续相均视为连续介质并考察这两相的运动。选取的控制体尺度应远大于单颗粒尺度，又要远小于系统的特征尺度，需要提供相间作用模型和固相本构模型，湍流控制方程可以通过欧拉方程的各种平均方法或动力学方法得到[71]。离散相和连续相互相贯穿，体积互不占用，两相的体积分数和为1。当离散相的体积浓度在10%以上的时候才适合采用欧拉-欧拉法。该方法对于各相的计算精度较高，适应性广。对于纤维的微观表征，如形变、接触、缠绕等，存在困难，且如果控制体体积相对流场较大时容易导致较大的计算误差。

2. 任意拉格朗日-欧拉法

任意拉格朗日-欧拉法（arbitrary Lagrangian-Eulerian）由 Noh[73] 为求解移动边界的二维流体动力学问题而提出，它将流体相视为连续介质，求解欧拉坐标系下的 N-S 方程，固相颗粒视为离散介质，则在拉格朗日坐标系下跟踪求解其运动方程。它克服纯拉格朗日法和纯欧拉法各自的缺陷，兼具二者特点：网格点可以和质点一起运动，也可以保持静止。从这个角度看，纯拉格朗日法和欧拉法是该方法的特例。网格和物体同步运动时，该方法就退化为拉格朗日法；而当网格静止时，该方法就退化成欧拉法。求解该流固耦合问题时计算很复杂，花费的时间较多，从简便性和效率而言，该方法还需进一步优化。基于这个原理，目前日渐成熟的方法是浸没边界-格子玻尔兹曼法（IB-LBM）。格子玻尔兹曼法（LBM）是一种有效替代求解 Navier-Stokes（N-S）方程的介观流场求解方法，起源于气体动力学理论，采用密度分布函数研究分子动力学，联系了宏观和微观、连续和离散，用大量分子运动统计的平均效果表明系统宏观性质，公式简单，适合并行计算。

IB-LBM 的原理是流场使用固定的欧拉网格，浸没在流场内的固体边界则使用一系列的拉格朗日网格点。拉格朗日网格固定在固体上，随着固体边界的运动而改变，是随动网格。该方法的基本特点是：把固体边界当作弹性可变形的来处理。固体边界的变形会产生一个恢复力（restoring force），即使之恢复原来形状的力[74]。求解的思路为：首先在边界上求恢复力，然后通过离散 delta 函数传递到流场。该方法能模拟复杂边界，而不需要时刻更新网格，相对花费的时间较少。Fan 等人[75] 在不考虑布朗运动的前提下，基于拉格朗日-欧拉法，通过润滑力考虑剪切流场和悬浮纤维间的短程相互作用，通过细长体逼近来考虑相间的远程相互作用，模拟了刚性纤维的动力学特性，得到了和试验数据吻合较好的结果。Ausias 等人[76] 在考虑到水动力学的短程相互作用的前提下，基于拉格朗日-欧拉法对瞬态和稳态的剪切流中悬浮纤维的问题进行了模拟。Stockie 等人[77] 基于拉格朗日-欧拉法，利用 IBM 研究了纸浆中柔性纤维与周围介质流体的相互作用。Kong 和 Platfoot[78] 基于拉格朗日-欧拉法研究在转杯纺纱器输棉管的气流场中纤维的伸直和弯曲。Feng 等人[79-80]先后成功应用 IB-LBM 模拟了粒子运动,不可压缩流的流动等流固耦合问题。

3. 拉格朗日-拉格朗日法

拉格朗日-拉格朗日法是将流体和纤维都作为离散介质对待,通过流体分子或分子团的运动轨迹和动力学量的统计平均获得宏观动力学量,对两相流动特性加以描述。Wu 等人[81]基于拉格朗日-拉格朗日法,采用格子-波尔兹曼方程 (lattice Boltzmann equation,LBE) 研究了牛顿流体中纤维的形变和体积分数的影响。上官林建等人[82]基于拉格朗日-拉格朗日法,借鉴硬棒模型和耗散粒子动力学 (dissipative particle dynamics,DPD) 的粒子模型,建立了一种修正的耗散粒子动力学模型,通过求解牛顿运动方程获得系统微观构象和聚集状态的变化,研究了短纤维复合材料注射充模过程的介观结构生成、演化规律。

Chapter 2

第2章 气体动力学基础及研究方法

2.1 自由紊动射流

2.1.1 自由紊动射流的流动特征

自由紊动射流是指气流由喷口向无限空间喷射，射流与周围空间气体发生动量交换。紊动射流是一种随机过程，是很不规则的流动现象，其最简单的统计特征是平均值，工程上往往从雷诺平均的概念出发，对黏性流体的连续性方程和运动方程中的各个变量取时间平均，建立湍流运动的基本方程。

1. 理论分析

自由紊动射流以初始流速 v_0 从喷口射出，进入充满空气的无限空间，与周围静止气体间形成速度不连续的间断面，流场分布呈锥状，如图2-1所示。它是一种主流方向在流动过程中不断发展和演化的湍流流动。射流把原来周围静止状态的气体卷吸到射流中，由于这个与环境流体接触的边界形成的间断面不稳定，边界逐渐向两侧扩展，流量沿程增大，因而在两者混掺向前运动的过程中形成涡旋，引起紊动。随着紊动的发展，周围静止气体产生了对射流的阻力，使射流从边缘到中心的流速难以保持原来的初始速度，速度逐步降低，经过一定距离后，射流的全断面上都发展成湍流。

自由紊动射流的流动主要有以下几个重要流动特征参数：

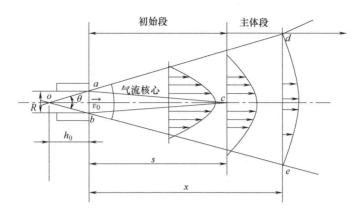

图 2-1　自由紊动射流的流动特征

（1）气流核心　气流具有初始速度 v_0 的部分称为气流核心，也称势流核，如图中 abc 区域。由于边界湍流的影响，沿着射流方向 v_0 的核心区宽度沿轴线逐渐减少。

（2）初始段和主体段　如图 2-1 所示，在离开喷嘴出口一定距离后，由于周围介质不断地渗入，保持射流初始流速 v_0 的核心区逐渐减小，射流宽度逐渐增大，出现间断面中心速度开始比出口中心速度小。把喷口至初始速度 v_0 消失的流段称为初始段，其长度用 s 表示，也称为核心区长度。湍流充分发展以后的射流称为射流的主体段。

（3）湍流边界层　如图 2-1 中 ad、be 是射流和静止空气的交换边界面，称为外边界面，其为直线，相互对称，相交于 o 点，o 点称为极点，从圆管中喷出的射流处于以 o 点为顶点的圆锥体内，其锥角 θ 称为扩散角。边界上的各点压力相等，且与大气相平衡，其流速近似为零；如图 2-1 中 ac、bc 形成的包络面，核心部分的边界面称为内边界面，内边界面上的流速和气流核心速度相同，为 v_0；外边界面和内边界面包围的部分为湍流区域，湍流区域为射流与周围介质混合、速度从 v_0 过渡到近似 0 的区域。

（4）射流极点（虚源点）　射流外边界面的交点称为射流极点，通常位于喷嘴内部，如图 2-1 中的 o 点。

2. 轴线流速衰减规律与核心区长度

射流流场各点的压强相等且等于周围介质的压强。根据动量定律，射流各断面动量通量守恒，即射流出口的动量等于射流任意横截面上的动量。

$$J = \int_0^\infty \rho v^2 2\pi r \mathrm{d}r = \rho v_0^2 \pi r_0^2 \qquad (2\text{-}1)$$

式中，v_0、r_0分别为气流初始速度和喷嘴出口半径。

由于主体段各断面流速分布的相似性，可得

$$\frac{v}{v_m} = f\left(\frac{r}{b}\right) = \mathrm{e}^{-\left(\frac{r}{b}\right)^2} \qquad (2\text{-}2)$$

式中，b 为射流的半平均宽度（由中心区到外边界的距离）。

取 $b_{0.5}$ 为特征半厚度，当 $r = b_{0.5}$ 时，$v = \frac{1}{2}v_m$，同时设横截面流速的宽度线性扩展，即 $b_{0.5} = ax$，其中 a 为常数，可实测获得（通常取 0.114）。代入动量方程，可得轴心速度表达式

$$v_m = \frac{\sqrt{2}r_0}{ax}v_0 \qquad (2\text{-}3)$$

该式表明，圆形紊动射流轴线速度随 x^{-1} 而变化。

由 $v_m = v_0$ 代入式（2-3），可得圆形紊动射流核心区长度

$$s = x = 12.4 r_0 \qquad (2\text{-}4)$$

通常取 $s = 10 r_0 \sim 15 r_0$。

3. 射流各向流速分布

由图 2-2 可以清晰地看出，在沿轴各横截面的流速分布在外形上具有一定的相似性，只是宽度和高度有所不同。射流以初始速度 v_0 自喷口射出后与周围静止流体间形成速度不连续的间断面。这些速度间断面不稳定，会产生波动，并发展成涡旋引起紊动。射流核心速度与到射流源的距离成反比，半平均宽度与其成正比，总动量保持不变。在一段距离后，射流与周围流体完全掺混，射流消失。

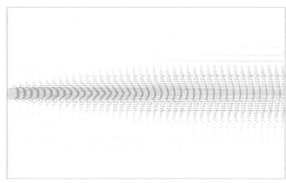

图 2-2　射流横截面流速云图

从图 2-3 可知，v_0 约为 320m/s，该流速在射流初始段 40mm 内在轴线附近保持不变，v_0 的核心区宽度最初为 4mm 左右，但沿轴线逐渐减少，在距喷口 40mm 左右核心区宽度为 0。

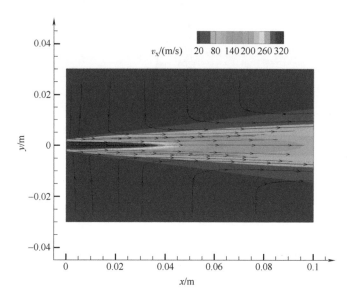

图 2-3   射流轴线速度云图

流动的气体对周围静止气体有卷吸作用，使其压力降低，远处的气体向射流周围的低压区流动，以补充被卷吸走的气体，自由射流流体周围什么也没有，射流四周的情况一致，四周的压力也相同，内边界外的湍流区域射流成直线扩散。横截面流速对称衰减，离喷口距离越远，流速衰减越快。

图 2-4 所示为射流横截面流速分布。如图 2-4a 所示，各横截面流速分布都是呈钟形，轴线上流速最大，距喷口越远流速越小，如距喷口 0.05m 横截面上的最大流速比距喷口 0.01m 横截面上的最大流速要小近 100m/s。

如图 2-4b 所示，距喷口越远流速平均宽度越窄，流速衰减越快，如距喷口 0.05m 横截面上的流速平均宽度比距喷口 0.01m 横截面上的流速平均宽度要小近一半。

在引纬工艺上，为使纬纱快速、平稳飞行，本文主要关注轴线核心速度大小、核心区长度和横截面特征宽度。

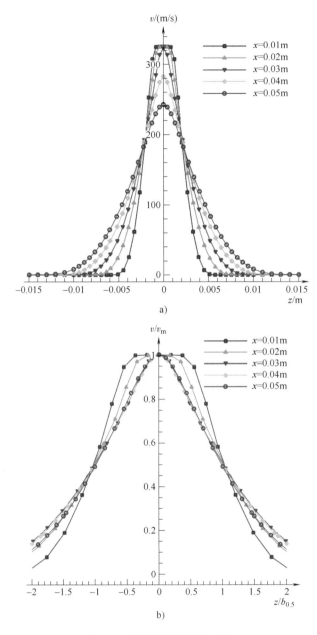

图 2-4　射流横截面流速分布

2.1.2　紊动结构

由于射流速度间断面的不稳定引起紊动。射流的紊动结构由一排规则的大尺度展向涡组成，并有大量小尺度的湍涡夹带在大涡上，大尺度展向涡的合并形成湍流输运的机制。这些涡旋的发展、消亡过程与射流的卷吸、扩展过程密切相关。在涡旋配对过程中，周围流体被卷吸到射流，涡旋合并以后，射流断面随之扩大。图 2-5 所示为湍射流涡合并流动的显示图，它是连续 4 个时刻的流动显示图像，图 2-5a 的中部有一对涡，在图 2-5b ~ d 显示出相对转动，并逐渐合并。大涡的尺度沿流向不断增长，与流向距离成正比。

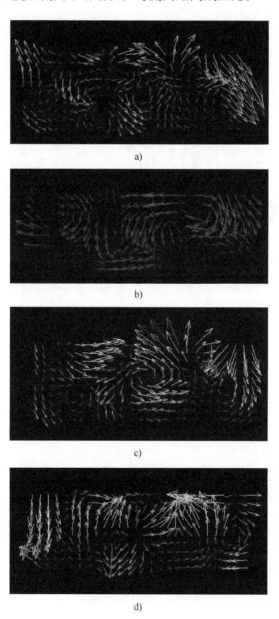

a)

b)

c)

d)

图 2-5　湍射流涡合并流动的显示图

相对于湍流混合层流动，湍射流的紊动结构更加不规则，湍流强度更大，掺混能力更强。

2.2 壁面射流

2.2.1 壁面射流的特性

壁面射流是指射入光滑壁面上、周围环境流体特性相同的半无限静止流体中的射流。壁面射流的示意图如图 2-6 所示，喷嘴出口上方是壁面，其他是自由空间。

图 2-6 壁面射流的示意图

喷嘴是宽度 $D=4$ mm 的矩形喷嘴，由于不可能在整个无限空间作数值计算，同时又考虑减少计算区域壁面对射流流动的影响，因此将计算区域局限于 60mm × 40mm × 100mm 的长方体内。设置压力入口，其入口压力为 0.2MPa；设置压力出口，其出口压力为 0.101MPa，即 1 个大气压。为获得较快的计算速度和较好的计算精度，采用分块结构化网格对计算区域进行网格划分，由于在壁面附近可能存在较大的速度梯度，因此创建更精密的边界层网格以提高求解精度。最终生成的网格如图 2-7 所示。

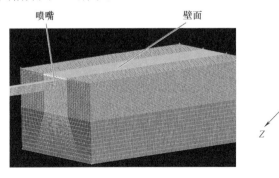

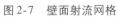

图 2-7 壁面射流网格

壁面设为光滑壁面，采用 $k\text{-}\varepsilon$ 模型，默认边界条件设置，可得壁面射流的相关流场参数。

1. 轴线速度分布及截面速度分布

轴线速度云图如图 2-8 所示，喷嘴喷口紧贴壁面时，射流一开始就受壁面限制，核心区长度约为 55mm，初始段的轴线流速较大，流束中心线沿着轴线方

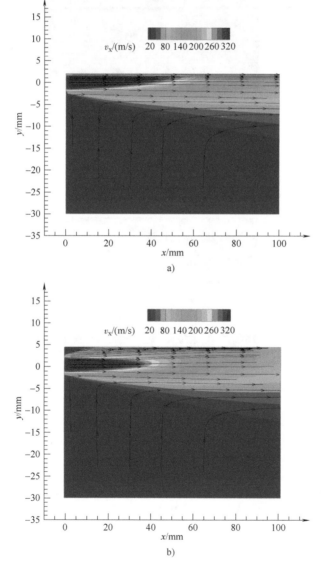

图 2-8　轴线速度云图

a）喷嘴喷口紧贴壁面时（$y = 0.5D$）　b）喷嘴喷口轴线距壁面 1.0D（$y = 1.0D$）

23

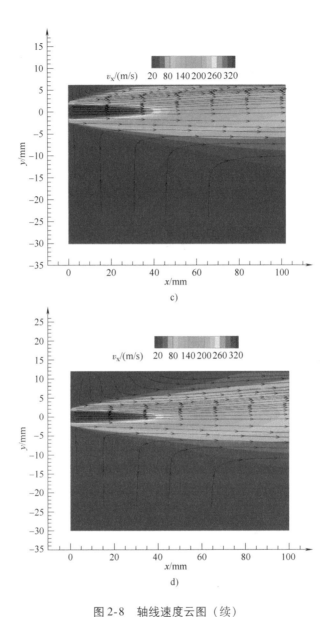

图 2-8 轴线速度云图（续）

c）喷嘴喷口轴线距壁面 1.5D （$y=1.5D$） d）喷嘴喷口轴线距壁面 3.0D （$y=3.0D$）

向，但随着对周围静止流体卷吸作用的增强，流速下降，流束中心线弯曲并逐渐靠着板壁前进。喷嘴喷口轴线距壁面 1.0D，在 $x=15$mm 时，射流开始受壁面影响，靠壁面的气流被部分压缩，核心区长度约为 40mm，初始段的流束中心线沿着轴线方向，但慢慢地随着距离的增加流束中心线弯曲并逐渐靠着板壁前进。喷嘴喷口轴线距壁面 1.5D，在 $x<30$mm 时，射流初始段的流束中心线沿

着轴线方向，与自由射流近似，在 $x > 30\text{mm}$ 时开始受壁面影响，靠壁面的气流被部分压缩，核心区长度约为 37mm，随着距离的增加流束中心线弯曲并逐渐靠着壁面前进。喷嘴喷口轴线距壁面 $3.0D$ 时，射流基本不受壁面的影响，速度扩散方式和沿中心线流速衰减规律基本接近自由射流。

由以上分析可知，壁面在一定范围内对射流产生影响（本例中喷嘴喷口轴线距壁面小于 $3.0D$ 时），会使射流束弯曲并靠着板壁前进，射流核心区的长度随着与壁面距离的增加而减少，最终与自由射流核心区的长度相近。

轴线速度分布如图 2-9 所示，在距离壁面远些，如轴线距离为 $3.0D$ 或 $1.5D$ 时，轴线速度与自由射流相近，射流核心区长度为 $7D \sim 8D$（D 为喷嘴出口直径）。而当喷口紧贴壁面（$y = 0.5D$）时，在壁面的作用下，轴线流速的衰减较自由射流慢，在 $x/D = 25$ 时，$y = 0.5D$ 的轴线流速为 $0.45v_\text{m}$，$y = 1.0D$ 的轴线流速为 $0.38v_\text{m}$，$y = 1.5D$、$3.0D$ 和自由射流的轴线流速为 $0.3v_\text{m}$。射流核心区长度较自由射流稍长些，为 $8D \sim 9D$。但壁面射流的速度扩散方式、沿中心线流速衰减规律等与自由射流相似。

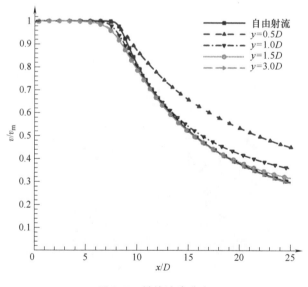

图 2-9　轴线速度分布

2. 壁面切应力和壁面摩擦系数分布

壁面切应力云图如图 2-10 所示，由图中可直观地看出，在喷嘴紧贴着壁面 $y = 0.5D$ 时，喷嘴出口处壁面切应力值较大，然后随着轴线距离的增加壁面切应力减小；在 $y = 1.0D$ 时，喷嘴出口处壁面切应力为 0，在 $x = 30 \sim 80\text{mm}$ 时出现最大值，然后随轴线距离增加而衰减；在 $y = 1.5D$ 时，在 $x = 50 \sim 90\text{mm}$ 时出现最大值，但相比前两种情况，壁面切应力已大大减小。

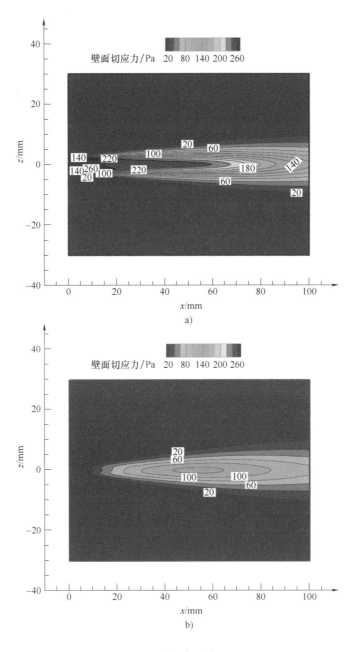

图 2-10 壁面切应力云图

a) $y = 0.5D$ b) $y = 1.0D$

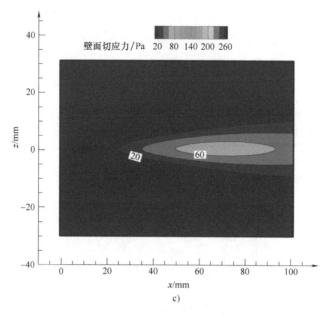

图 2-10　壁面切应力云图（续）

c）$y = 1.5D$

　　壁面切应力的分布如图 2-11 所示，在喷嘴紧贴着壁面 $y = 0.5D$ 时，如黑线所示，在 $x/D = 0$ 时出现壁面切应力的最大值，达到 280Pa，然后随着轴线距离的增加，壁面切应力减小，在 $x/D = 25$ 时壁面切应力为 130Pa 左右。而在射流逐渐远离壁面时，如在 $y = 1.0D$、$1.5D$ 时，壁面切应力在 $x/D = 0$ 出现壁面切应力的最小值，然后随轴线距离增加呈线性增加，在 $x/D = 10 \sim 15$ 时出现最大

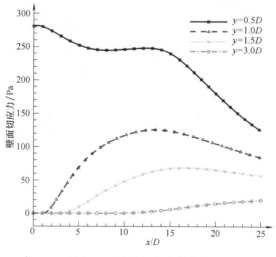

图 2-11　壁面切应力的分布

值，越贴近壁面，切应力最大值越大，然后随轴线距离的进一步增加而减少。因此，壁面轴线切应力不仅与射流和壁面之间的距离有关，还与轴线距离有关。越靠近壁面，壁面轴线切应力越大。

壁面摩擦系数的分布规律与壁面切应力的分布规律类似（见图 2-12 和图 2-13）。在喷嘴紧贴着壁面 $y = 0.5D$ 时，如图 2-13 黑线所示，在 $x/D = 0$ 时出现壁面摩擦系数的最大值，达到 480，然后随着轴线距离的增长，壁面切应

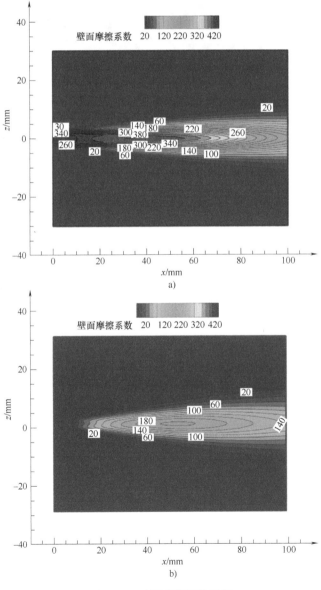

图 2-12   壁面摩擦系数云图
a）$y = 0.5D$ b）$y = 1.0D$

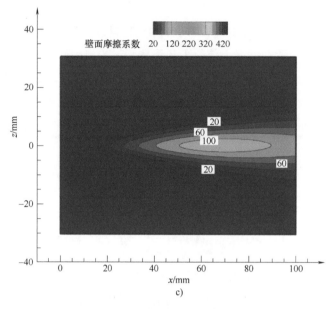

图 2-12 壁面摩擦系数云图（续）

c）$y = 1.5D$

力减小，在 $x/D = 25$ 时壁面摩擦系数为 200 左右。而在射流逐渐远离壁面时，如在 $y = 1.0D$、$1.5D$ 时，壁面摩擦系数在 $x/D = 0$ 出现最小值，然后随轴线距离增加而增加，在 $x/D = 10 \sim 15$ 时出现最大值，越贴近壁面，壁面摩擦系数最大值越大，然后随轴线距离的增加而减小。因此，在靠近壁面处，壁面对气体摩擦系数的影响较大，但随着离壁距离的增大，壁面影响衰减很快，影响程度减小。

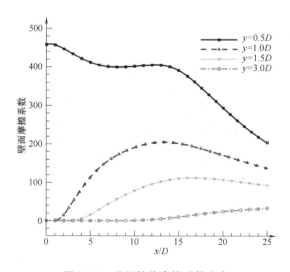

图 2-13 壁面轴线摩擦系数分布

3. 紊动能及轴线湍流强度分布

和自由射流相似，壁面射流存在紊动能势流核心区，壁面射流的紊动能云图如图 2-14 所示，紊动能最大值位于势流核心区的自由侧，相应于速度梯度的最大值。在势流核心区的壁面侧，由于壁面的影响，射流与周围流体间速度梯度小，紊动能也小。从轴线距离上分析，势流核心区的末端紊动能较大，随着轴线距离的增加而减少，最后湍流充分发展，与周围气体间速度梯度为 0，紊动能也为 0。

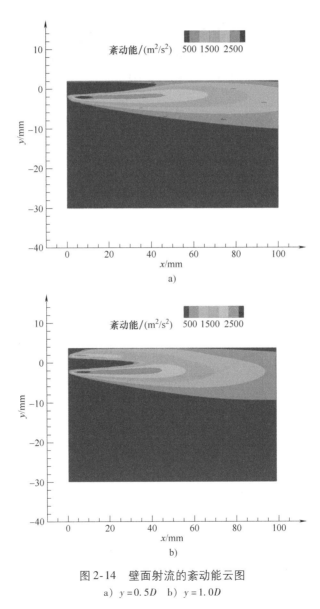

图 2-14　壁面射流的紊动能云图
a）$y = 0.5D$　b）$y = 1.0D$

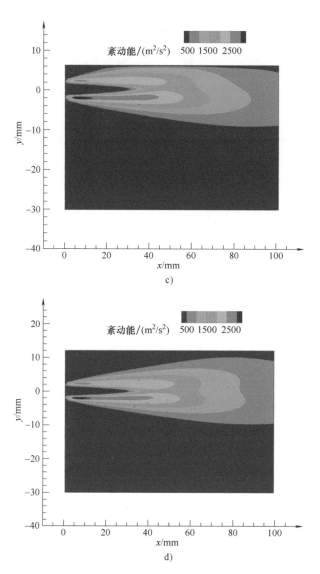

图 2-14　壁面射流的紊动能云图（续）

c）$y=1.5D$　d）$y=3.0D$

　　湍流强度是速度的脉动值与时均值的比值，从图 2-15 湍流强度分布可以看出，在射流的核心区域 $x/D=6\sim7$ 时，湍流强度接近于 0，而转换截面之后 $x/D=8\sim10$ 时湍流强度有个急升的过程，在 $x/D=10$ 之后逐渐衰减。在 $x/D=10\sim25$ 时，喷嘴紧贴壁面的壁面射流如图中粉色曲线所示，其湍流强度始终比其他工况高，衰减更慢些。紧贴壁面时，壁面对湍流强度的影响最大。因此，可知壁面射流的湍流强度比自由射流的湍流强度大。

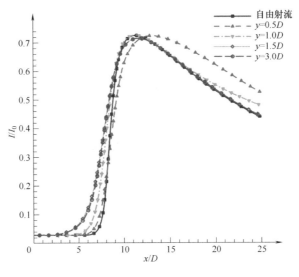

图 2-15　湍流强度分布

2.2.2　射流附壁效应

从上节的数值仿真结果分析可知，当在喷嘴出口处有一平行于轴线的壁面时，则射流束将弯曲并靠着壁面前进，且靠近壁面处紊动能减小，速度核心区长度有所增加，这种射流贴附在固体壁面上流动的现象称为射流附壁效应。产生该现象的原因是射流两侧在同一时间内受卷吸作用影响的环境介质质量不等，在壁面一侧由于无法补充气体，压力降低量要大于补充气体的另一侧，因而高压侧的气体就压着气体靠近壁面一侧飞行，直到完全贴附在壁面上形成稳定流动为止。

喷气织机异形筘筘槽的设计正是基于这一射流附壁效应成为引纬的气流通道。异形筘筘槽被设计成 U 形结构，有三向壁面，一向开口，开口侧的高压气体压着纱线沿着筘槽壁面飞行，而不是从敞开的一面飞出去。

2.3　旋转射流

2.3.1　旋流数

旋转射流具有三维速度，射流质点沿螺旋线轨迹运动，流体旋转是它区别于一般射流的重要特征，其中研究其射流旋转特征较为重要的参数是旋流数[83]，它是用旋转动量矩通量和轴向动量通量之比来表示射流旋转程度，并处

理为无因次值。目前比较通用的旋流数定义式[84]为

$$S = \frac{1}{R} \frac{\int_0^R uwr^2 \mathrm{d}r}{\int_0^R u^2 r \mathrm{d}r}$$

式中，u 和 w 分别为实测旋转射流出口处轴向速度和切向速度分布；R 为旋转射流的射流出口半径。

射流旋流强度一般用射流出口截面的旋流数表示，称为出射旋流数，这时式中 R 为射流出口的半径；根据出射旋流数的大小可以将旋转射流分为弱旋流、中旋流和强旋流三种，划分的界限尚无一致的看法，一般认为 $S \leqslant 0.2$ 时为弱旋流，$0.2 < S \leqslant 0.6$ 时为中旋流，$S \geqslant 0.6$ 时为强旋流[85]。

2.3.2 旋转流场的特性

对旋转射流建立模型（见图 2-16），两股不同方向的气流从入口进入加旋区后产生旋转气流，经喷嘴喷出后观测其相关特性，如图 2-17 所示为模拟之后的旋转射流流线图。

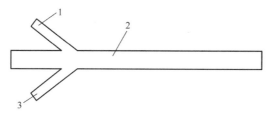

图 2-16　旋转射流模型

1—气流入口 1　2—加旋区　3—气流入口 2

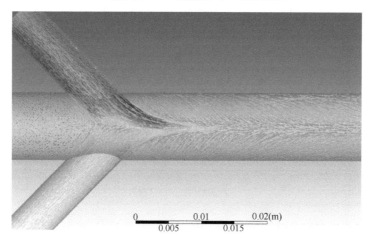

图 2-17　旋转射流流线图

33

　　对于产生的旋转射流，主要通过截取其不同喷距处的横截面来获取来流速度及压力的变化分布规律。为方便比较，各数据量均采用无因次量。将试验数据分为三组，分别在无因次喷距（喷嘴至截面的距离与喷嘴长度的比值）为0.333、1、1.667 处获取截面，图 2-18 所示是喷距为 1.667 时的旋转射流速度分布，其中横坐标为无因次半径（径向半径与喷嘴出口直径的比值），纵坐标为无因次轴向速度或切向速度。

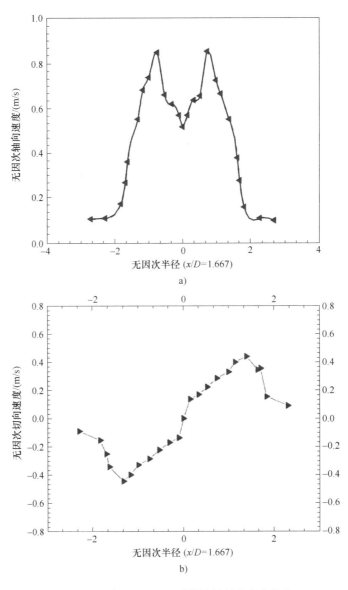

图 2-18　喷距为 1.667 时的旋转射流速度分布

图 2-18a 给出了旋转射流的切向速度分布及发展规律，横坐标为无因次半径，纵坐标为无因次切向速度，由图可知，旋转射流的射流主体段呈 M 形分布，即来射流中心速度存在着一个低速区，远离中心处速度逐渐增大至最大值，然后速度逐渐降低，趋近于圆射流的发展规律。

图 2-18b 给出了旋转射流的切向速度分布及发展规律，横坐标为无因次半径，纵坐标为无因次切向速度。由图可以看出，轴心处的切向速度几乎趋近于零。切向速度的分布呈现出以射流中心为对称的分布特点，因此使其具有 N 形分布的特点。这正是轴对称的旋转射流满足流体连续性的结果。

2.4　计算流体力学基础

相对于水的流动，空气的流动性更好，这是因为空气的黏度比水小。当压力增大和温度升高时，空气黏度也会增大。空气的黏度分为两种：动力黏度和运动黏度。

空气的动力黏度为

$$\mu = \frac{\tau}{\mathrm{d}\nu / \mathrm{d}y} \tag{2-5}$$

空气可视为牛顿流体，对于牛顿流体的研究，通常采用运动黏度 ν 来表示。动力黏度 μ 和运动黏度 ν 的关系可表示为

$$\nu = \frac{\mu}{\rho} \tag{2-6}$$

其中，ρ 是空气的密度。当空气温度升高时，其黏度增大。

空气是可压缩的，并且可以承受一定的压力。在等温、等重的条件下，压缩空气的体积和压力成反比。空气体积和压力之间的关系可表示为

$$p_1 V_1 = p_2 V_2 \tag{2-7}$$

式中，p_1、p_2、V_1、V_2 为变化前后空气的压力和体积。

1883 年，英国科学家雷诺通过试验研究管道内气流的流动特性，揭示了层流和湍流的机理。层流流体运动状态分明，而湍流运动毫无规则，湍流运动参数随着时间不规则地变化。为了表征流体的流动特性，即流体是层流还是湍流，雷诺数 Re 被提了出来，可以表示如下

$$Re = \frac{\rho U L}{\mu} = \frac{U L}{\nu} \tag{2-8}$$

式中，U、L 分别为特征速度和特征长度。

通常情况下，在管道流动中，当 $Re < 2300$ 时，流体是层流；当 $Re > 4000$ 时，流体是湍流。

2.4.1 控制方程

内部的气体流动为可压缩黏性流体，气体的运动方程满足物理定律，包括质量守恒定律、动量定律、能量守恒定律。为了让方程组封闭，还需要补充气体状态方程。

1. 质量守恒方程

质量守恒定律是单位时间内流体微元中质量的增加等于相同时间间隔内流入该微元中的质量的净增量。

$$\frac{\partial \rho}{\partial t} + \frac{\partial(\rho u)}{\partial x} + \frac{\partial(\rho v)}{\partial y} + \frac{\partial(\rho w)}{\partial z} = 0 \tag{2-9}$$

式中，ρ 为气体密度；t 为时间；u、v、w 分别为 x、y、z 方向的速度分量。

2. 动量方程

动量定律是微元体中动量的变化率等于外界作用在该微元体上的各力之和，也叫作牛顿第二定律。

$$\frac{\partial(\rho u)}{\partial t} + \frac{\partial(\rho uu)}{\partial x} + \frac{\partial(\rho uv)}{\partial y} + \frac{\partial(\rho uw)}{\partial z} = -\frac{\partial p}{\partial x} + \frac{\partial \tau_{xx}}{\partial x} + \frac{\partial \tau_{yx}}{\partial y} + \frac{\partial \tau_{zx}}{\partial z} + F_x \tag{2-10a}$$

$$\frac{\partial(\rho v)}{\partial t} + \frac{\partial(\rho vu)}{\partial x} + \frac{\partial(\rho vv)}{\partial y} + \frac{\partial(\rho vw)}{\partial z} = -\frac{\partial p}{\partial y} + \frac{\partial \tau_{xy}}{\partial x} + \frac{\partial \tau_{yy}}{\partial y} + \frac{\partial \tau_{zy}}{\partial z} + F_y \tag{2-10b}$$

$$\frac{\partial(\rho w)}{\partial t} + \frac{\partial(\rho wu)}{\partial x} + \frac{\partial(\rho wv)}{\partial y} + \frac{\partial(\rho ww)}{\partial z} = -\frac{\partial p}{\partial z} + \frac{\partial \tau_{xz}}{\partial x} + \frac{\partial \tau_{yz}}{\partial y} + \frac{\partial \tau_{zz}}{\partial z} + F_z \tag{2-10c}$$

式中，p 为流体微元体上的压力；τ_{xx}、τ_{yx} 和 τ_{zx} 等为微元体表面上的黏性应力 τ 的分量；F_x、F_y 和 F_z 为微元体上的体积力，若体积力只有重力，并且沿 z 轴垂直往上，则 $F_x = 0$，$F_y = 0$，$F_z = -\rho g$。

对于牛顿流体，黏性切应力 τ 与流体变形率成正比

$$\tau_{xx} = 2\mu \frac{\partial u}{\partial x} + \lambda \left(\frac{\partial u}{\partial x} + \frac{\partial v}{\partial y} + \frac{\partial w}{\partial z} \right); \tau_{xy} = \tau_{yx} = \mu \left(\frac{\partial u}{\partial y} + \frac{\partial v}{\partial x} \right) \tag{2-11a}$$

$$\tau_{yy} = 2\mu \frac{\partial v}{\partial y} + \lambda \left(\frac{\partial u}{\partial x} + \frac{\partial v}{\partial y} + \frac{\partial w}{\partial z} \right); \tau_{xz} = \tau_{zx} = \mu \left(\frac{\partial u}{\partial z} + \frac{\partial w}{\partial x} \right) \tag{2-11b}$$

$$\tau_{zz} = 2\mu \frac{\partial w}{\partial z} + \lambda \left(\frac{\partial u}{\partial x} + \frac{\partial v}{\partial y} + \frac{\partial w}{\partial z} \right); \tau_{yz} = \tau_{zy} = \mu \left(\frac{\partial v}{\partial z} + \frac{\partial w}{\partial y} \right) \tag{2-11c}$$

式中，μ 为动力黏度，λ 为第二黏度，将式（2-10）带入式（2-11）中可以得到

$$\frac{\partial(\rho u)}{\partial t} + \frac{\partial(\rho uu)}{\partial x} + \frac{\partial(\rho uv)}{\partial y} + \frac{\partial(\rho uw)}{\partial z} = -\frac{\partial p}{\partial x} + \frac{\partial}{\partial x}\left(\mu\frac{\partial u}{\partial x}\right) + \frac{\partial}{\partial y}\left(\mu\frac{\partial u}{\partial y}\right) + \frac{\partial}{\partial z}\left(\mu\frac{\partial u}{\partial z}\right) + S_u$$

$$(2\text{-}12\text{a})$$

$$\frac{\partial(\rho v)}{\partial t} + \frac{\partial(\rho vu)}{\partial x} + \frac{\partial(\rho vv)}{\partial y} + \frac{\partial(\rho vw)}{\partial z} = -\frac{\partial p}{\partial y} + \frac{\partial}{\partial x}\left(\mu\frac{\partial v}{\partial x}\right) + \frac{\partial}{\partial y}\left(\mu\frac{\partial v}{\partial y}\right) + \frac{\partial}{\partial z}\left(\mu\frac{\partial v}{\partial z}\right) + S_v$$

$$(2\text{-}12\text{b})$$

$$\frac{\partial(\rho w)}{\partial t} + \frac{\partial(\rho wu)}{\partial x} + \frac{\partial(\rho wv)}{\partial y} + \frac{\partial(\rho ww)}{\partial z} = -\frac{\partial p}{\partial z} + \frac{\partial}{\partial x}\left(\mu\frac{\partial w}{\partial x}\right) + \frac{\partial}{\partial y}\left(\mu\frac{\partial w}{\partial y}\right) + \frac{\partial}{\partial z}\left(\mu\frac{\partial w}{\partial z}\right) + S_w$$

$$(2\text{-}12\text{c})$$

式中，S_u、S_v、S_w 为动量方程的广义源项。

3. 能量守恒方程

能量守恒方程是包含有热交换的流动系统需要满足的基本定律，可以表述为微元体中能量的增加率等于单位时间进入微元体的净热量加上体积力和面积力对微元体所做的功。由此可得到能量守恒方程为

$$\frac{\partial(\rho T)}{\partial t} + \frac{\partial(\rho uT)}{\partial x} + \frac{\partial(\rho vT)}{\partial y} + \frac{\partial(\rho wT)}{\partial z} = \frac{\partial}{\partial x}\left(\frac{k}{c_p}\frac{\partial T}{\partial x}\right) + \frac{\partial}{\partial y}\left(\frac{k}{c_p}\frac{\partial T}{\partial y}\right) + \frac{\partial}{\partial z}\left(\frac{k}{c_p}\frac{\partial T}{\partial z}\right) + S_T$$

$$(2\text{-}13)$$

式中，c_p 为比定压热容；T 为温度；k 为流体的热传导系数；S_T 为流体的内热源及由于黏性作用由机械能转化为热能的那部分。

4. 气体状态方程

在前面几个方程中，有 u、v、w、p、T 和 ρ 六个未知量，而已知方程只有五个，需要补充一个气体状态方程

$$p = \rho RT \tag{2-14}$$

式中，R 为气体摩尔常数。

2.4.2 雷诺平均方程

从空气压缩机产生的高压气流进入喷嘴中，气流速度从亚音速加速到达音速或者超音速。因此，实际在主喷嘴中的气流属于湍流流动。湍流的流动特性主要体现在其流动的速度和压力等物理量在时间和空间上都具有随机脉动性。如果采用直接数值模拟（DNS）方式来求解 N-S 方程的难度很大，并且对计算机资源的要求也很高，因此该方法不适合用于工程中的实际流动的计算。而采用大涡模拟（LES）来求解中等规模的、追踪大涡行为的湍流计算。该方法对计算量与存储量的要求也比较高，因此也不适合用于主喷嘴中流场的数值模拟。

因此，根据工程实际情况，我们采用了雷诺平均方程（RANS）模拟方法，我们关注的是流场的平均参数，并将 N-S 瞬态方程平均化，补充湍动能方程以及湍流耗散率方程。该方法不仅可以满足实际工程计算精度的要求，而且大大提高了计算效率。

雷诺平均方程（RANS）模拟方法就是把湍流运动看成是由时间平均流动和瞬时脉动流动叠加而成，并且将瞬态的脉动量用时均化的方程表示出来，在这里任意变量的时间平均值定义为

$$\overline{\varphi} = \frac{1}{\Delta t}\int_t^{t+\Delta t} \varphi(t)\,\mathrm{d}t \qquad (2\text{-}15)$$

式中，上标" – "为时间平均化。

各变量可以用时均值和脉动值之和表示出来

$$u = \overline{u} + u';\ v = \overline{v} + v';\ w = \overline{w} + w';\ p = \overline{p} + p' \qquad (2\text{-}16)$$

式中，u'、v'、w'、p' 为脉动值。将式（2-16）带入瞬时状态的质量守恒方程式（2-9）和动量方程式（2-10），得到时均控制方程，即雷诺平均方程：

1. 质量守恒方程

$$\frac{\partial \rho}{\partial t} + \rho\,\frac{\partial(\overline{u}+u')}{\partial x} + \rho\,\frac{\partial(\overline{v}+v')}{\partial y} + \rho\,\frac{\partial(\overline{w}+w')}{\partial z} = 0$$

推导化简后，写成直角坐标中张量符号的形式

$$\frac{\partial \rho}{\partial t} + \rho\,\frac{\partial \overline{u_i}}{\partial x_i} = 0 \qquad (2\text{-}17)$$

2. 动量方程

$$\rho\,\frac{\partial(\overline{u}+u')}{\partial t} + \rho\,\frac{\partial(\overline{u}+u')^2}{\partial x} + \rho\,\frac{\partial(\overline{u}+u')(\overline{v}+v')}{\partial y} + \rho\,\frac{\partial(\overline{u}+u')(\overline{w}+w')}{\partial z}$$

$$= -\frac{\partial(\overline{p}+p')}{\partial x} + \mu\,\frac{\partial^2(\overline{u}+u')}{\partial x^2} + \mu\,\frac{\partial^2(\overline{u}+u')}{\partial y^2} + \mu\,\frac{\partial^2(\overline{u}+u')}{\partial z^2} + S_u \qquad (2\text{-}18\text{a})$$

$$\rho\,\frac{\partial(\overline{v}+v')}{\partial t} + \rho\,\frac{\partial(\overline{u}+u')(\overline{v}+v')}{\partial x} + \rho\,\frac{\partial(\overline{v}+v')^2}{\partial y} + \rho\,\frac{\partial(\overline{w}+w')(\overline{v}+v')}{\partial z}$$

$$= -\frac{\partial(\overline{p}+p')}{\partial x} + \mu\,\frac{\partial^2(\overline{v}+v')}{\partial x^2} + \mu\,\frac{\partial^2(\overline{v}+v')}{\partial y^2} + \mu\,\frac{\partial^2(\overline{v}+v')}{\partial z^2} + S_v \qquad (2\text{-}18\text{b})$$

$$\frac{\partial(\overline{w}+w')}{\partial t} + \rho\,\frac{\partial(\overline{u}+u')(\overline{w}+w')}{\partial x} + \rho\,\frac{\partial(\overline{w}+w')(\overline{v}+v')}{\partial y} + \rho\,\frac{\partial(\overline{w}+w')^2}{\partial z}$$

$$= -\frac{\partial(\overline{p}+p')}{\partial x} + \mu\,\frac{\partial^2(\overline{w}+w')}{\partial x^2} + \mu\,\frac{\partial^2(\overline{w}+w')}{\partial y^2} + \mu\,\frac{\partial^2(\overline{w}+w')}{\partial z^2} + S_w \qquad (2\text{-}18\text{c})$$

经过推导后，将三个方向上的动量方程写成直角坐标中张量符号的形式

$$\frac{\partial(\rho\,\overline{u_i})}{\partial t} + \frac{\partial(\rho\,\overline{u_i u_j})}{\partial x_j} = -\frac{\partial(\rho\,\overline{u_i' u_j'})}{\partial x_j} - \frac{\partial\overline{p}}{\partial x_i} + \mu\frac{\partial^2\overline{u_i}}{\partial x_j^2} + S_i$$

式中，$-\rho\,\overline{u_i' u_j'}$ 是雷诺应力项，由于产生了雷诺应力项，使得 RANS 不能封闭，这里需要引入湍流模型。根据 Boussinesq（布辛尼斯克）提出的涡黏假定[88]，雷诺应力可以表示为

$$-\rho\,\overline{u_i' u_j'} = \mu_t\left(\frac{\partial u_i}{\partial x_j} + \frac{\partial u_j}{\partial x_i}\right) - \frac{2}{3}\left(\rho k + \mu_t\frac{\partial u_i}{\partial x_i}\right)\delta_{ij} \tag{2-19}$$

式中，μ_t 是湍流黏度；u_i 是时均速度；δ_{ij} 是克罗内克符号（当 $i=j$ 时，$\delta_{ij}=1$；当 $i\neq j$ 时，$\delta_{ij}=0$）；k 为湍动能

$$k = \frac{\overline{u_i' u_j'}}{2} = \frac{1}{2}\ \left(\overline{u'^2} + \overline{v'^2} + \overline{w'^2}\right) \tag{2-20}$$

涡黏模型包括：零方程模型、一方程模型和两方程模型。而现在工程中最为常用的为 k-ε 模型，改进后的 RNG k-ε 模型修正了湍流黏度，并且考虑了平均流动中的旋转及旋流流动，非常适用于主喷嘴流场中的数值模拟，k 方程和 ε 方程如下

$$\frac{\partial(\rho k)}{\partial t} + \frac{\partial(\rho k u_i)}{\partial x_i} = \frac{\partial}{\partial x_j}\left[\alpha_k\mu_{\text{eff}}\frac{\partial k}{\partial x_j}\right] + G_k + G_b - \rho\varepsilon - Y_M + S_k \tag{2-21}$$

$$\frac{\partial(\rho\varepsilon)}{\partial t} + \frac{\partial(\rho\varepsilon u_i)}{\partial x_i} = \frac{\partial}{\partial x_j}\left[\alpha_\varepsilon\mu_{\text{eff}}\frac{\partial\varepsilon}{\partial x_j}\right] + C_{1\varepsilon}^*\frac{\varepsilon}{k}(G_k + C_{3\varepsilon}G_b) - C_{2\varepsilon}\rho\frac{\varepsilon^2}{k} - R_\varepsilon + S_\varepsilon$$

$$\tag{2-22}$$

式中，G_k 和 G_b 分别是由平均速度梯度和浮力引起的湍动能 k 的产生项；Y_M 是可压湍流中脉动扩张的贡献；S_k 和 S_ε 是源项

$$\mu_{\text{eff}} = \mu_t + \mu,\ \mu_t = \rho C_\mu\frac{k^2}{\varepsilon},\ C_\mu = 0.0845,\ \alpha_k = \alpha_\varepsilon = 1.39,\ \eta = (2E_{ij}\cdot E_{ij})^{1/2}\frac{k}{\varepsilon},$$

$E_{ij} = \frac{1}{2}\left(\frac{\partial u_i}{\partial x_j} + \frac{\partial u_j}{\partial x_i}\right),\ C_{1\varepsilon}^* = C_{1\varepsilon} - \frac{\eta(1-\eta/\eta_0)}{1+\beta\eta^3},\ C_{1\varepsilon} = 1.42,\ C_{2\varepsilon} = 1.68,\ C_{3\varepsilon} = 1.72,\ \eta_0 = 4.377,\ \beta = 0.012$。

3. 能量方程

对 T 变量进行类似的处理，可得

$$\frac{\partial(\rho\overline{T})}{\partial t} + \frac{\partial(\rho\,\overline{Tu_j})}{\partial x_j} = -\frac{\partial(\rho\,\overline{Tu_j'})}{\partial x_j} + \frac{\partial}{\partial x_j}\left(\frac{k}{c_p}\frac{\partial^2\overline{T}}{\partial x_j}\right) + S_T \tag{2-23}$$

其中，

$$-\rho\,\overline{Tu_j'} = \varGamma_t\frac{\partial T}{\partial x_j} = \frac{\eta_t}{\sigma}\frac{\partial T}{\partial x_j}$$

通过引入湍流扩散系数 Γ_t 来求解，$\sigma = 0.6$，$\eta_t = \dfrac{c_\mu \rho k^2}{\varepsilon}$

通过上面公式的推导，瞬态 N-S 方程组可以用时均化的 RANS 方程组代替，并且引入了 k 和 ε 两个方程，消掉了雷诺应力项，并且与之前的质量守恒方程、能量方程和气体状态方程联立，可以求得流场中的所有参数（u，v，w，p，ρ，T，k，ε）。

2.4.3 离散方法

控制方程的离散化方法有多种，如有限差分法（FDM）、有限元法（FEM）、有限体积法（FVM）。FDM 是应用最早、最经典的 CFD 方法，它将求解域划分为差分网格，用有限个网格节点代替连续的求解域，然后将偏微分方程的倒数用差商代替，推导出含有离散点上有限个未知数的差分方程组。求出差分方程组的解就是微分方程定解问题的数值近似解。它较多地应用于求解双曲型和抛物型问题。FEM 是 20 世纪 80 年代开始应用的一种数值解法，它内核与有限差分法相似，采用变分计算中选择逼近函数对区域进行积分的合理方法，但因求解速度较其他两种方法慢，因此应用不广泛。有限体积法的基本思路是：将计算区域划分为一系列不重复的单元（称为控制体积），并使每个网格点周围有一个控制体积；将待解的微分方程对每一个控制体积分，得出一组离散方程。其中的未知数是网格点上的因变量的数值。为了求出控制体积的积分，必须假定值在网格点之间的变化规律，即假设值的分段的分布剖面。

FVM 的求解方法在商业软件中有两种，一种是压力基求解方法，另一种是密度基求解方法。压力基求解器主要用于低速不可压缩流动的求解，它是从原来的分离式求解器发展来的，按顺序一次求解动量方程、压力修正方程、能量守恒方程和组分方程及其他标量方程（如湍流方程等），和之前不同的是，压力基求解器还增加了耦合算法，可以自由地在分离求解和耦合求解之间转换，耦合求解就是一次求解前述的动量方程、压力修正方程、能量守恒方程和组分方程，然后再求解其他标量方程（如湍流方程等），收敛速度快，但是需要更多内存和计算量。密度基求解方法是针对高速可压缩流动而设计的，以速度分量和密度作为基本变量，不求解压力修正方程，压力由状态方程来获得。密度基求解方法的收敛速度快，需要的内存和计算量比压力基求解方法要大。两种求解方法的共同点是都使用有限体积的离散方法，但线性化和求解离散方程的方法不同。

Chapter 3

第3章 纤维运动的数值模拟方法

3.1 纤维材料特性

选用四种不同的纤维材料对其微观结构进行观测。分别是玻璃纤维、棉纤维、涤纶纤维和锦纶纤维。由于显微镜观测的范围有限，试验中，将纤维切成 20mm 长的短纤维，正对镜头下方放置。为了防止试验中纤维污染，对试验的样本采用两个透明玻璃薄片压合的方法进行固定和观察。

图 3-1 所示为放大 600 倍的情况下不同纤维材料表面微观结构的对比。图中纤维的表面布满大大小小的凹坑，并不完全平整光滑。

从图 3-1b 可以看出，棉纤维表面有着天然的螺旋状扭转，在未扭转处呈现扁平带状形态，直径约为 17μm。在扭转节点处形成 C 形管状结构，直径长度约为 3μm。图 3-1c 所示为涤纶纤维的表面微观结构，直径约为 16μm，从图像表现来看，涤纶纤维的材料比较细直，不易弯曲，表现在面料上是面料不易褶皱，比较挺括。图 3-1d 所示为锦纶纤维的表面微观结构，直径大约为 14μm，从图像显示来看，锦纶纤维比较细软，弯曲比较厉害。

选用玻璃纤维、棉纤维、涤纶纤维、锦纶纤维四种不同的纤维材料进行拉伸试验。表 3-1 所示为 XL-2 型强力仪测量参数。

在进行纤维拉伸试验时，需要输入纤维材料的基本特性以及对应的预张紧力。表 3-2 所示为四种纤维材料的基本物理参数。

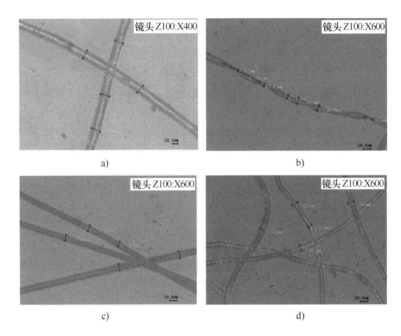

图 3-1　放大 600 倍的情况下不同纤维材料表面微观结构的对比

a）玻璃纤维　b）棉纤维　c）涤纶纤维　d）锦纶纤维

表 3-1　XL-2 型强力仪测量参数

强力范围	夹持距离	拉伸速度	力值测量分辨率
0～1000cN	500mm	500mm/min	0.5cN

表 3-2　四种纤维材料的基本物理参数

材料名称	样品纤度/dtex	直径/mm	密度/（kg/m³）	预张紧力/cN
玻璃纤维	50	0.2	2.45	2.5
棉纤维	300	0.2	1.54	2.5
涤纶纤维	300	0.2	1.368	2.5
锦纶纤维	300	0.2	1.15	2.5

图 3-2 所示为不同纤维材料的负荷-伸长率曲线。共做了四组试验，每组测量 10 次。从图中可以看出，相同直径下，各纤维束的最大负荷相差不大，但不同材料的负荷变化率不尽相同。其中玻璃纤维的负荷变化率最大，在相同的负荷下，其材料的变形量最小，所以玻璃纤维的弹性模量是最大的。

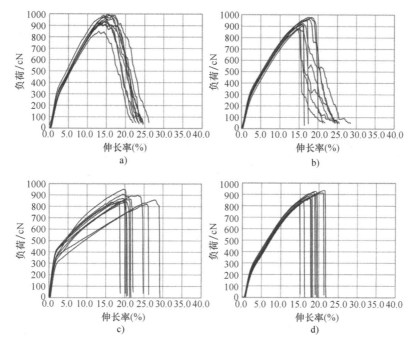

图 3-2　不同纤维材料的负荷-伸长率曲线

a）玻璃纤维　b）棉纤维　c）涤纶纤维　d）锦纶纤维

　　表 3-3 所示为不同纤维材料的物性特性参数。从表中可以看出，玻璃纤维的伸长率最小，为 13.8%。其弹性模量最大，为 74.2GPa，是棉纤维的 10 倍，是涤纶纤维的 7 倍，锦纶纤维的 14 倍，表明玻璃纤维抵抗弹性变形的能力比较强。

表 3-3　不同纤维材料的物性特性参数

材料名称	强力/cN	伸长率（%）	强度/（cN/dtex）	弹性模量/GPa
玻璃纤维	900.6	13.8	3.1	74.2
棉纤维	926.1	16.1	3.1	7.8
涤纶纤维	868.6	21.4	2.9	10.4
锦纶纤维	887.7	18.2	2.7	5.7

3.2　纤维在流场中的受力分析

　　本文采用的纤维模型是 Yamamoto 和 Matsuoka 提出的珠-链纤维模型，该模型将纤维看作是由 n 个珠子（即拉格朗日节点）和 $n-1$ 个无质量的杆相互黏结而成的，如图3-3所示。每个珠子具有固定的质量 m，假定每个有限体积的质量集中在小圆柱体的中心点，两相邻珠子间的连接具有弹性。每个珠子除了受气流场力 F_q 作用外，还受到相邻珠子的黏弹力 F_{nt}、重力 G 和表面张力 F_{bz} 作用，纱线运动遵循牛顿第二定律

$$m \frac{\mathrm{d}^2 x_{ii}}{\mathrm{d}t^2} = F_q + F_{nt} + G + F_{bz} \tag{3-1}$$

式中，m 为珠子质量；x_{ii} 为珠子 i 的位置向量，$x_{ii} = x_i i + y_i j + z_i k$。

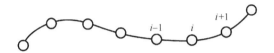

图3-3　本文所采用的纤维模型

在第 i 个珠子上 x_i 方向的气流场力为

$$\mathrm{d}F = \frac{1}{2} C_f \rho \pi d (v - u)^2 \mathrm{d}L \tag{3-2}$$

式中，$\mathrm{d}F$ 为气流场力；C_f 为气流对纤维的摩擦系数（为 $0.025 \sim 0.033$，根据纤维的表面性质确定）；ρ 为气流密度（kg/m^3）；d 为纤维直径（m）；v 为气流速度（m/s）；u 为纤维速度（m/s）；L 为受气流牵引的纤维长度（m）。

在其他条件相同时，C_f 值越大的纤维，气流对纤维的摩擦牵引力也越大。试验表明：C_f 与纤维种类、表面的毛茸程度有关，如纤维表面光滑、表面毛茸少的纤维的 C_f 值较小，反之则较大。

黏弹力为

$$F_{nt} = \pi d_{i+1}^2 \sigma_{i+1} \left(i \frac{x_{i+1} - x_i}{l_{i,i+1}} + j \frac{y_{i+1} - y_i}{l_{i,i+1}} + k \frac{z_{i+1} - z_i}{l_{i,i+1}} \right) -$$

$$\pi d_{i-1}^2 \sigma_{i-1} \left(i \frac{x_i - x_{i-1}}{l_{i,i-1}} + j \frac{y_i - y_{i-1}}{l_{i,i-1}} + k \frac{z_i - z_{i-1}}{l_{i,i-1}} \right) \tag{3-3}$$

式中，d 为珠子直径；l 为相邻珠子之间的长度；σ 为应力。

由定常一元等熵流动气体状态方程、能量守恒方程和质量守恒方程，可以得出导纱管内任意截面的气流密度

$$\rho = \frac{p_2 v_2}{Rv [T_0 - v_2^2 / (2c_p)]} \tag{3-4}$$

式中，T_0 为测试环境温度；p_2 为出口处的大气压；v_2 为出口处的气流速度，c_p 为质量定压热容，R 为气体常数。

气流速度沿管道轴线变换的微分方程为

$$\frac{4fK}{D}\mathrm{d}L = \frac{1-Ma^2}{KMa^2\left[1+Ma^2(K-1)/2\right]}\frac{\mathrm{d}Ma^2}{Ma^2} \tag{3-5}$$

式中，f 为气流与主喷嘴内壁的摩擦系数；D 为主喷嘴内径；Ma 为马赫数；K 为绝热系数，$K=1.4$。

将式（3-4）、式（3-5）代入式（3-2）可得

$$\mathrm{d}F = \frac{\pi dDp_2v_2C_f(cMa-u)^2(1-Ma^2)}{4fK^2RcMa^5\left[T_0-v_2^2/(2c_p)\right]\left[2+(K-1)Ma^2\right]}\mathrm{d}Ma^2 \tag{3-6}$$

对式（3-6）积分并求解得到纤维的速度

$$u = \frac{-B-\sqrt{B^2-4AE}}{2A} \tag{3-7}$$

其中

$$A = \frac{(1+K)}{2}\left(\frac{1}{Ma_2}-\frac{1}{Ma_1}\right) - \frac{1}{3}\left(\frac{1}{Ma_2^3}-\frac{1}{Ma_1^3}\right) + \frac{(1+K)}{10}\sqrt{5}\left[\arctan(Ma_2/\sqrt{5})-\arctan(Ma_1/\sqrt{5})\right]$$

$$B = c\left\{(1+K)\ln\left(\frac{Ma_2}{Ma_1}\right)+\left(\frac{1}{Ma_2^2}-\frac{1}{Ma_1^2}\right)-\frac{(1+K)}{2}\ln\left(\frac{5+Ma_2}{5+Ma_1}\right)+\frac{(1+K)}{2}\sqrt{5}\right.$$

$$\left.\left[\arctan(Ma_2/\sqrt{5})-\arctan(Ma_2/\sqrt{5})\right]\right\}$$

$$E = -c^2\left\{\left(\frac{1}{Ma_2}-\frac{1}{Ma_1}\right)+\frac{(1+K)}{2}\sqrt{5}\left[\arctan(Ma_2/\sqrt{5})-\arctan(Ma_1/\sqrt{5})\right]\right\} -$$

$$\frac{F\left[(T_0-v_2^2/(2c_p)\right]5.6fR}{\pi dD\,C_tp_2Ma_2}$$

从式（3-7）可以看出，对于纤维运动速度 u 的计算需要得到 Ma_1（即气流进口处的马赫数）和 Ma_2（即喷嘴出口处的马赫数），将 Ma_1 和 Ma_2 的值代入式（3-7）中就可得到纤维运动速度 u 的确切值。

3.3 纤维运动方程

本文采用参考文献［86］［87］中所使用的纤维运动方程，即

$$\rho_s\frac{\partial^2 \boldsymbol{X}}{\partial t^2} - \frac{\partial}{\partial s}\left[\boldsymbol{T}(s)\frac{\partial \boldsymbol{X}}{\partial s}\right] + K_b\frac{\partial^4 \boldsymbol{X}}{\partial s^4} = \boldsymbol{F} \tag{3-8}$$

其中拉力张量 $\boldsymbol{T}(s)$ 可表述为

$$\boldsymbol{T}(s) = K_s\left[\left(\frac{\partial \boldsymbol{X}}{\partial s}\cdot\frac{\partial \boldsymbol{X}}{\partial s}\right)^{1/2}-1\right] \tag{3-9}$$

式中，X 是纤维的拉格朗日节点；t 是时间；s 是其沿着长度方向的拉格朗日坐标；F 是外界施加给纤维节点的力；$\dfrac{\partial}{\partial s}\left[T(s)\dfrac{\partial X}{\partial s}\right]$ 是纤维节点所受到的拉伸/压缩力；$K_\mathrm{b}\dfrac{\partial^4 X}{\partial s^4}$ 是纤维节点所受的弯曲力；$\rho_\mathrm{s}\dfrac{\partial^2 X}{\partial t^2}$ 则是纤维节点所受到的惯性力。线密度 ρ_s，拉伸系数 K_s 和弯曲刚度 K_b 是三个分别用于表征纤维特性的参数。

仿真中，纤维珠子的位置通过一系列等间距的拉格朗日节点 $X(s_i,t)$，$i=1$，$2,\cdots,Nb$（Nb 是总拉格朗日节点数）表示，则式（3-8）中的纤维运动方程在空间上可被离散为

$$\rho_\mathrm{s}\frac{\partial U_i}{\partial t}-\frac{T_{i+1/2}\left(\dfrac{\partial X}{\partial s}\right)_{i+1/2}-T_{i-1/2}\left(\dfrac{\partial X}{\partial s}\right)_{i-1/2}}{\Delta s}+K_\mathrm{b}\frac{X_{i+2}-4X_{i+1}+6X_i-4X_{i-2}+X_{i-2}}{\Delta s^4}=F(X_i,t)$$

$$(3\text{-}10)$$

式中，$\dfrac{\partial X}{\partial s}$ 是纤维在该点处的切向量；$T_{i+1/2}$ 是该处所受应力。其分别可通过以下公式计算

$$\left(\frac{\partial X}{\partial s}\right)_{i+1/2}=\frac{X_{l+1}-X_l}{\Delta s} \tag{3-11}$$

$$T_{i+1/2}=K_\mathrm{s}\left(\left|\frac{X_{i+1}-X_i}{\Delta s}\right|-1\right) \tag{3-12}$$

3.4　流固耦合方法

流固耦合是从计算流体动力学（CFD）和计算固体力学（CSM）发展衍生而来的一门交叉学科，主要研究固体在流体流动下的位移变形以及受固体影响下的流场变化。由于其同时考虑了多个物理场之间的相互作用，因而更接近于实际情况，计算结果也更加准确，多年来已经在输油管道振动、饱和多孔介质渗流等多个方面得到了充分应用。

从流固耦合的机理来看，所有的问题可以分为两大类，即整体渗入和界面耦合。整体渗入问题是指耦合的两个相已经发生了部分重叠或者整体重合，两者之间难以分开，不能使用单独的控制方程表征两相域，只有通过统一的本构方程来描述他们的现象。而界面耦合问题的两相域则在相互接触面上进行耦合，通过在两个相域接触界面上引入平衡方程，来满足位移、应力、热流量和温度

的守恒

$$
\begin{cases}
\tau_s n_s = \tau_f n_f \\
d_s = d_f \\
q_s = q_f \\
T_s = T_f
\end{cases}
$$

式中，τ_s、τ_f分别是固体与流体在交界面的应力；d_s、d_f是交界面处的位移；q_s、q_f是热流量；T_s、T_f是温度。

现阶段，在求解界面耦合问题时主要采用两种方法：统一强耦合（一次解）、分离弱耦合（迭代解）。统一强耦合（一次解）顾名思义就是将流体与固体的控制方程放进同一个计算矩阵中进行求解，方程简单表示如下

$$
\begin{pmatrix} A_{ff} & A_{fs} \\ A_{sf} & A_{ss} \end{pmatrix}
\begin{pmatrix} \Delta X_f^k \\ \Delta X_s^k \end{pmatrix}
=
\begin{pmatrix} B_f \\ B_s \end{pmatrix}
$$

式中，A_{ff}、A_{ss}分别是流体与固体的系统矩阵；A_{fs}、A_{sf}分别是流、固体的耦合矩阵；ΔX_f^k、ΔX_s^k是第 k 步流体与固体的未知求解参数；B_f、B_s表示所受的外力。

通过直接求解这个矩阵方程可以一步得到流场与固体的计算结果，存在较少的舍入误差且不存在数据传输的延迟问题。分离弱耦合（迭代解）是将流体与固体求解分开，在每一个时间步里分别计算流体的速度、压力、温度和固体的位移、应力等参数，然后在其交界面处进行方程耦合。当计算精度达到收敛要求时便开始下一步的计算，依此类推直至算出最终结果。采用分离弱耦合方法计算虽然存在数据传递的延迟以及能量不完全守恒等问题，但因为其分开计算流体和固体，所以很大程度上能够将如今处理流体和固体的最先进技术运用到流固耦合问题上，占用的计算资源也相对较少。目前市场上的大多数商业软件都是采用分离弱耦合的求解方式。例如，ADINA 使用任意拉格朗日-欧拉法计算流固耦合问题，ANSYS/ABAQUS 和 FLUENT/CFX 可以结合专业耦合软件 MPCCI 通过拉格朗日法计算固体、欧拉法计算流体。

再进一步细分，根据数据的传递方向可以将耦合问题再次分为单向/双向流固耦合。单向流固耦合的数据传输是单向的，仅是将流体的计算参数（速度、压力、温度）传递给固体求解器或者只将固体参数（位移、应力、初始速度）向流体求解器传送。双向流固耦合则会在流体和固体之间相互传递数据。网格划分上，单向流固耦合（如流体对固体的作用）通常只需划分一次流场域网格，在每一迭代过程不断重新划分固体网格。而双向流固耦合理论上，需要在

每一个迭代步都重新划分流体和固体的网格，计算量相当大，一般只用在考虑振动的问题上。

数值模拟主要分为三大部分，即流体求解、固体求解和耦合算法。首先通过湍流模型在 FLUENT 中模拟出气流特性，再将柔性纤维丝离散成一系列杆单元组成的数字链，通过反距离加权插值完成流体与固体的界面节点耦合。其中，气动力被分解成法向和轴向两个分量施加在每个纤维丝单元的节点上，通过罚函数法和库伦模型来计算纤维丝之间的接触力，采用显式动力学算法计算纤维丝的变形与位移。

3.5   IB-LBM 方法

LBM 方法（格子玻尔兹曼方法）是在分子运动学理论和统计力学上发展起来的一种介观模拟方法，其从微观动力学角度出发，将流体的宏观运动看作是大量微观粒子运动的统计平均结果。在求解流动问题时，其不需要依赖连续性假说，流体被离散成为一系列尺度介于分子（原子）以及流体微团之间的流体粒子。这些粒子驻留在离散的流场格点上，并可以沿着格线按照一定的规则进行演化（即碰撞、迁移），演化完成后，再通过对密度分布函数进行简单运算即得到流场的解。相对于传统流场求解的方法，LBM 具有计算简单，编程容易实现，物理背景更加清晰、具有天然的并行性等优点。

3.5.1   LBM 的基本方程与边界处理

纤维模拟采用的格子玻尔兹曼方程是通过 BGK 近似代替玻尔兹曼方程中的碰撞项。由于进行的是二维模拟，采用广泛使用的 D2Q9 离散速度模型，其 9 个方向的速度如图 3-4 所示。

含外力项的格子玻尔兹曼-BGK 方程为

$$f_j(\boldsymbol{x} + \boldsymbol{e}_j\Delta t, t + \Delta t) = f_j(\boldsymbol{x}, t) - \frac{1}{\tau}[f_j(\boldsymbol{x}, t) - f_j^{eq}(\boldsymbol{x}, t)] + \boldsymbol{F}_J\Delta t \quad (3\text{-}13)$$

其中外力项 $\boldsymbol{F}_J$ 为

$$\boldsymbol{F}_J = \left(1 - \frac{1}{2\tau}\right)\omega_j\left[\frac{\boldsymbol{e}_j - \boldsymbol{u}}{c_s^2} + \frac{\boldsymbol{e}_j \cdot \boldsymbol{u}}{c_s^4}\boldsymbol{e}_j\right]f(\boldsymbol{x}, t) \quad (3\text{-}14)$$

以上两个公式中，$f_j(\boldsymbol{x}, t)$ 是在时间为 t 时，处于

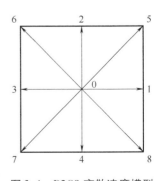

图 3-4   D2Q9 离散速度模型

x 位置，沿着 e_j 速度方向的粒子的分布函数；$f_j^{eq}(\boldsymbol{x},\ t)$ 是麦克斯韦平衡态分布函数；Δt 是时间间隔；τ 是无量纲松弛时间，可由无量纲运动黏度通过公式 $\nu = c_s^2(\tau-0.5)\Delta t$ 求得；c_s 是格子声速；$\boldsymbol{f}(\boldsymbol{x},\ t)$ 是浸入流体内的边界施加给流体的外力；e_j 和 ω_j 是 D2Q9 模型下的粒子速度和权系数，具体可由式（3-15）求得

$$
e_j = \begin{cases}
(0,0) & j=0 \\[2mm]
c\left(\cos\dfrac{\pi(j-1)}{2},\ \sin\dfrac{\pi(j-1)}{2}\right) & j=1,2,3,4 \\[3mm]
\sqrt{2}c\left(\cos\dfrac{\pi(2j-1)}{4},\ \sin\dfrac{\pi(2j-1)}{4}\right) & j=5,6,7,8
\end{cases}
\tag{3-15}
$$

式中，c 是格子速度，在 D2Q9 模型中，$c = \Delta x/\Delta t = 1$，$\Delta x$ 是格子的单位长度。

对于等温流体，局部平衡态分布函数 $f_j^{eq}(\boldsymbol{x},\ t)$ 通过式（3-16）给出

$$
f_j^{eq} = \omega_j\rho\left[1 + \frac{e_j\cdot u}{c_s^2} + \frac{(e_j\cdot u)^2}{2c_s^4} - \frac{u^2}{2c_s^2}\right]
\tag{3-16}
$$

其中，权系数 ω_j 为

$$
\omega_j = \begin{cases}
\dfrac{4}{9} & j=0 \\[3mm]
\dfrac{1}{9} & j=1,2,3,4 \\[3mm]
\dfrac{1}{36} & j=5,6,7,8
\end{cases}
\tag{3-17}
$$

$c_s = c/\sqrt{3} = 1/\sqrt{3}$ 是格子声速。ρ 和 u 分别是每个流体节点上的宏观密度和速度，具体可通过分布函数 $f_j(\boldsymbol{x},\ t)$ 和外力项 $\boldsymbol{f}(\boldsymbol{x},\ t)$ 在每个时间步内通过式（3-18）和式（3-19）求得

$$
\rho = \sum_j f_j
\tag{3-18}
$$

$$
u = \frac{1}{\rho}\left(\sum_j f_j e_J + \frac{1}{2}f\Delta t\right)
\tag{3-19}
$$

在数值模拟中，边界条件决定了流动在受外部约束情况下的解。在 LBM 中，对边界进行处理使其满足宏观流动特性是非常重要的一环，它与数值模拟的计算精度和程序的稳定性密切相关。一般情况下，在 LBM 中施加边界条件是通过给定进入系统的分布函数 f_i^{in}（未知）和流出系统的分布函数 f_i^{out}（已知）之间的关系来实现的。LBM 中的流体系统如图 3-5 所示，黑色圆点为边界上的网格点，虚线表示该节点上进入系统的分布函数，实线表示流出系统的分布函数。

n 为系统在该边界节点上的外法线方向。

一般情况下，我们可以通过 $e_i \cdot n$ 的乘积来判断该方向的分布函数 f_i 是指向系统内部还是指向系统外部。如果 $e_i \cdot n > 0$，则分布函数 f_i 指向系统外部；如果 $e_i \cdot n < 0$，则分布函数 f_i 指向系统内部。

至今为止，学者们已经研究出了多种用于 LBM 模拟的边界格式，以下是几种最为常见的用于 LBM 模拟的边界条件。

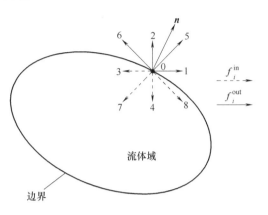

图 3-5　LBM 中的流体系统

1. 周期性边界条件

周期性边界条件是 LBM 中最为简单的一种边界条件，通常被用来模拟无限长的通道。在 LBM 中要实现此边界条件，需要保证流出系统的粒子在下一时刻重新从入口进入该系统，即

$$f_i^{\text{in}}(B_1) = f_i^{\text{out}}(B_2) \tag{3-20}$$

$$f_i^{\text{in}}(B_2) = f_i^{\text{out}}(B_1) \tag{3-21}$$

式中，B_1 和 B_2 分别为入口和出口。以 D2Q9 模型为例，图 3-6 所示为用来说明该边界条件的一个简单系统，在该系统中为了实现周期性边界条件，其边界上的密度分布函数需要满足以下关系

$$f_{1,5,8}^{\text{in}}(B_1) = f_{1,5,8}^{\text{out}}(B_2) \tag{3-22}$$

$$f_{3,6,7}^{\text{in}}(B_2) = f_{3,6,7}^{\text{out}}(B_2) \tag{3-23}$$

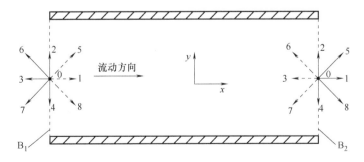

图 3-6　周期性边界条件的简单系统

2. 无滑移边界条件

无滑移边界条件是在流体仿真中最为常见的一种边界条件，该边界条件用来保证边界附近的流体和边界之间没有相对速度。在 LBM 中，反弹格式为常见的一种用来实现边界无滑移的格式。在反弹格式中，当一粒子迁移到达边界节点后将会被直接反弹回到其先前所在的位置。为了方便，我们以物理边界刚好在网格线上的一简单系统为例，如图 3-7 所示，为了实现标准反弹格式上下边界节点上的分布函数，需要满足以下关系

$$f_{4,7,8}^{\text{in}}(\text{B}_1) = f_{2,5,6}^{\text{out}}(\text{B}_1) \tag{3-24}$$

$$f_{2,5,6}^{\text{in}}(\text{B}_2) = f_{4,7,8}^{\text{out}}(\text{B}_2) \tag{3-25}$$

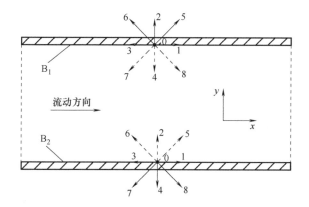

图 3-7　标准反弹格式的简单系统

标准的反弹格式操作简单，能有效处理复杂几何边界的情况，且能严格保证系统的质量和动量守恒，但却只有一阶精度[89]。为了提高该格式的精度，后续学者们陆续提出了修正反弹格式和半步长反弹格式[90]。

3. 滑移边界条件

最常见的用于实现此边界条件的方法，包括平衡分布边界条件（equilibrium distribution boundary condition，EDBC）和 Neogi 等人[91] 提出的流体动力学边界条件（hydrodynamic boundary condition，HBC）。在 HBC 中，边界节点上未知的分布函数可以通过边界上的宏观量（如密度、动量、质量通量和能量）和分布函数的关系，构建守恒方程来求得。

对于图 3-7 所示系统的上边界，该边界节点上的未知分布函数可以通过式（3-26）~ 式（3-28）求得

$$f_4^{\text{in}}(\text{B}_1) + f_7^{\text{in}}(\text{B}_1) + f_8^{\text{in}}(\text{B}_1) = \rho - (f_0 + f_1 + f_3 + f_2^{\text{out}} + f_5^{\text{out}} + f_6^{\text{out}})(\text{B}_1) \tag{3-26}$$

$$-f_7^{\text{in}}(\text{B}_1) + f_8^{\text{in}}(\text{B}_1) = \rho u_x - (f_1 - f_3 + f_5^{\text{out}} - f_6^{\text{out}})(\text{B}_1) \tag{3-27}$$

$$-f_4^{in}(B_1) - f_7^{in}(B_1) - f_8^{in}(B_1) = \rho u_y - (f_2^{out} + f_5^{out} + f_6^{out})(B_1) \qquad (3-28)$$

一般在使用 HBC 时，往往在一开始使分布函数$f_1 = f_3$来保证 x 轴方向上的动量守恒，且在后续计算中，始终保持$f_0 = f_1 = f_3$，该边界条件格式具有二阶精度。

4. 开放进出口边界条件

对于这种边界条件，通常是通过给定入口一个速度函数，而在出口则给定一个压力值或者垂直于出口边界的无通量条件（no-flux condition）来实现的。在 LBM 中，入口边界条件比较容易实现，只需要令入口节点的分布函数恒等于该处宏观量下的密度分布函数即可，即

$$f_i = f_i^{eq}(\rho_{in}, u_{in}) \qquad (3-29)$$

而对于出口，零梯度条件（zero-gradient condition）可以通过出口边界附近流体对出口边界处流体进行插值来实现，但前提是出口位置设置得足够远来保证流动的充分发展。用公式可以表示为

$$f_i(B_{outlet}) = 2f_i(B_1) - f_i(B_2) \qquad (3-30)$$

式中，B_1和B_2分布为靠近出口边界B_{outlet}的第一层和第二层网格。

5. 外推边界格式

由于格子玻尔兹曼方程是连续玻尔兹曼方程的一种特殊差分形式（即空间采用一阶迎风格式，时间采用一阶向前格式，但在时空上都具有二阶精度），因此，可以借鉴传统计算流体力学方法（如有限差分法）中的边界处理方法来构造格子玻尔兹曼方法边界处理格式。基于此，很多学者先后剔除了多种外推格式。

（1）Chen 格式 1996 年，Chen 等人剔除了一种外推格式[92]。其具体做法是，假设物理边界外还有一层虚拟节点，物理边界节点（i, 1）和这层虚拟节点（i, 0）上的分布函数都参与碰撞迁移过程。但是在每一次碰撞之前，需知（i, 0）上的未知分布函数f_2、f_5和f_6。借鉴有限差分的概念，我们可以在边界节点（i, 1）上采用中心差分，从而确定虚拟节点（i, 0）上的f_2、f_5和f_6为

$$f_{2,5,6}(i,0) = 2f_{2,5,6}(i,1) - f_{2,5,6}(i,2) \qquad (3-31)$$

而后对所有节点采取碰撞迁移步骤。需要指出的是，碰撞过程中，物理边界节点上的平衡态分布函数需要通过给定的边界条件来计算。

分析表明，这种格式在时空上都具有二阶精度，所以很好地保持了格子玻尔兹曼方法的整体精度。同时这种格式也无须对边界处的流体分布函数做任何假设，因此适用性广泛、计算简单、容易实现，并可做一系列推广。

（2）非平衡态外推格式　受 Chen 的外推格式和 Zou 的非平衡反弹格式的启发，郭照立等人于 2002 年提出了一种新的边界处理格式，即非平衡态外推格式（nonequilibrium extrapolation scheme）[93]。其基本思想是，将边界节点上的分布函数分解为平衡态和非平衡态两部分，其中平衡态部分由边界条件的定义近似获得，而非平衡态部分则用非平衡外推确定。

如图 3-8 所示，假设 *COA* 位于边界上，*EBD* 位于流场中。在每次碰撞之前，需要知道边界节点 *O* 上的分布函数 $f_\alpha(O, t)$，并将其分解为平衡态和非平衡态两部分，即

$$f_\alpha(O,t) = f_\alpha^{\text{eq}}(O,t) - f_\alpha^{\text{neq}}(O,t) \tag{3-32}$$

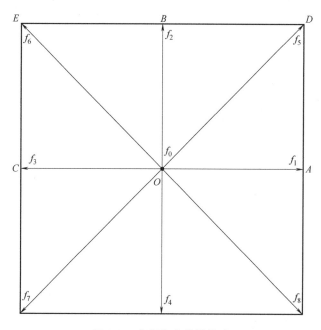

图 3-8　非平衡态外推格式

对于平衡态部分 $f_\alpha^{\text{eq}}(O, t)$，可用边界节点上的宏观物理量求得，如果节点 *O* 存在未知宏观物理量，则由 *B* 点的相应值代替。以速度边界条件为例，已知 *O* 点速度 $u(O, t)$，密度 $\rho(O, t)$ 未知，则 *O* 点的平衡态分布函数由式（3-33）近似求得

$$f_\alpha^{\text{eq}}(O,t) = f_\alpha^{\text{eq}}[\rho(B,t), u(O,t)] \tag{3-33}$$

对于非平衡态部分 $f_\alpha^{\text{neq}}(O, t)$，由于流体节点 *B* 处的分布函数 $f_\alpha(B, t)$、宏观速度 $u(O, t)$、密度 $\rho(O, t)$ 均已知，因此可以计算出 *B* 点的非平衡态分布函数为

$$f_\alpha^{\text{neq}}(B,t) = f_\alpha(B,t) - f_\alpha^{\text{eq}}[\rho(B,t), u(B,t)] \tag{3-34}$$

同时，考虑到 O、B 两点的非平衡态分布函数具有如下关系

$$f_\alpha^{\text{neq}}(B,t) = f_\alpha^{\text{neq}}(O,t) - O(\delta_x^2) \tag{3-35}$$

式中，δ_x^2 为空间步长。由此，可用 B 点的非平衡态部分代替 O 点的非平衡态部分。

综上所述，边界节点 O 的分布函数可用式（3-36）近似求得

$$f_\alpha(O,t) = f_\alpha^{\text{eq}}(O,t) + [f_\alpha(B,t) - f_\alpha^{\text{eq}}(B,t)] \tag{3-36}$$

如若考虑碰撞过程，则 O 点碰撞后的分布函数可表示为

$$f_\alpha^+(O,t) = f_\alpha^{\text{eq}}(O,t) + \left(1 - \frac{1}{\tau}\right)[f_\alpha(B,t) - f_\alpha^{\text{eq}}(B,t)] \tag{3-37}$$

式中，$f_\alpha^+(O,t)$ 为碰撞后的分布函数；τ 为松弛时间。

研究表明，非平衡态外推格式在时间和空间上都具有二阶精度。与此同时，该格式兼具了 Zou 与 He 的非平衡态反弹格式以及 Chen 的外推格式的优点，具有操作简单、数值稳定、使用范围广泛等特点。在有限差分格子玻尔兹曼方法中，尤其是对于多速模型以及双分布函数模型，与其他边界格式相比，非平衡态外推格式具有很大的优势。

3.5.2　格子单位和物理单位的转换

由于在用 LBM 进行数值模拟时往往对物理量进行无量纲化处理，只保证无量纲化前后相关流动准则数（比如雷诺数和施密特数）相一致，因此给定的仿真参数往往是以格子单位衡量的。在这种情况下，要将我们数值求解的结果与实际物理问题对应起来，进行量纲分析和单位转换是必不可少的一个环节。

在进行数值模拟前，我们需要针对所研究的流动问题找出所有独立的无量纲量。对于任一物理量 Q，我们可以将其表示为

$$Q = Q' C_Q \tag{3-38}$$

式中，Q 为带单位的物理量的值（这里为我们最终想要通过转换得到的实际物理量），其量纲为 $[Q]$；Q' 为无量纲值（这里即仿真时给定计算机的无量纲仿真参数），其量纲 $[Q'] = 1$；C_Q 为转换因子，带单位，其量纲为 $[Q]$。

在进行单位转换之前，用户需要找出全部所需的转换因子 C_Q，并且保证仿真时所给定的无量纲参数的值是准确并且有效的。例如，$u = u' C_u$，当 $u = 15\text{m/s}$，$u' = 0.1$ 时，可推断出 $C_u = \dfrac{u}{u'} = 150\text{m/s}$。在确定转换因子的时候，需要充分利

用无量纲参数的不变性，比如，$Re = Re'$，即 C_{Re} 恒等于 1。

在流体力学问题中，常见的物理量的量纲可由长度量纲［L］、时间量纲［T］、质量量纲［M］单独或者组合表示，表 3-4 所示流体力学中常见的物理量单位及其量纲为流体力学中常见的量纲。

表 3-4　流体力学中常见的物理量单位及其量纲

物理量	单位	量纲	［L］	［T］	［M］
速度 u	m/s	［LT^{-1}］	1	-1	0
黏度 ν	m²/s	［L^2T^{-1}］	2	-1	0
力 F	kg·m/s²	［MLT^{-2}］	1	-2	1
密度 ρ	kg/m³	［ML^{-3}］	-3	0	1

因此，在进行单位换算的时候我们只需知道长度因子 C_l、时间因子 C_t、质量因子 C_m 这三个基本转换因子，其他的导出物理量的转换因子可以通过其量纲来确定，例如：$C_F = [F] = [MLT^{-2}] = C_m C_l / C_t^2$。在进行格子单位和物理单位的转换时，$C_l$ 与 C_m 往往可以根据仿真设置的参数和实际物理模型之间的关系，进行简单换算得到，而 C_t 往往需要根据用户给定的松弛时间 τ 来确定。

以下通过一个两平板内重力驱动的泊肃叶流动的例子来说明格子单位和物理单位换算的常用方法。图 3-9 所示为两平板内重力驱动的泊肃叶流动，为该流动问题的基本示意图。

两平板内重力驱动的泊肃叶流动基本参数及其数值见表 3-5，根据泊肃叶定律可得流动的特征速度

$$u_m = \frac{fH^2}{8\rho\nu} = 1.25\,\text{m}，\text{雷诺数} \ Re = \frac{u_m H}{\nu} = 1250。$$

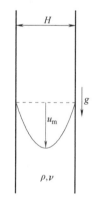

图 3-9　两平板内重力
驱动的泊肃叶流动

表 3-5　两平板内重力驱动的泊肃叶流动基本参数及其数值

参　数	数　值	单　位
平板的间距 H	10^{-3}	m
流体的黏度 ν	10^{-6}	m²/s
流体的密度 ρ	10^3	kg/m³
重力加速度 g	10	m/s²

假设我们给定的仿真参数为：$H' = 20\text{m}$，$\rho' = 1\text{kg/m}^3$，$\tau = 0.6\text{s}$。则可得

$$C_l = \frac{H}{H'} = 5 \times 10^{-5} \text{m}, \quad C_m = C_\rho C_l^3 = \left(\frac{\rho}{\rho'}\right)C_l^3 = 1.25 \times 10^{-10} \text{kg}_\circ$$

为了方便，我们选择单位格子长度 $\Delta x' = 1$，时间步长 $\Delta t' = 1$，则 $\Delta x = C_l$，$\Delta t = C_t$在 LBM 中，$C_s^2 = \frac{1}{3}\left(\frac{\Delta x'}{\Delta t'}\right)^2 = \frac{1}{3}$，$\nu' = \left(\tau - \frac{1}{2}\right)C_s^2 \Delta t' = 0.0\dot{3}$。因为 $\nu' = \frac{u_m' H'}{Re'} = \frac{u_m}{C_u}\frac{H'}{Re'} = \frac{u_m C_t}{C_l}\frac{H'}{Re'}$，可得 $C_t = \frac{\nu' C_l Re'}{u_m H'} = 8.3 \times 10^{-5} \text{s}_\circ$

至此，我们已经确定了三个基本转换因子，$C_l = 5 \times 10^{-5}$m，$C_m = 1.25 \times 10^{-10}$kg，$C_t = 8.3 \times 10^{-5}$s，其他所需的转换因子可通过这三个基本量进行换算得到，例如：$C_u = \frac{C_l}{C_t} \approx 0.6$m/s，$C_F = \frac{C_m C_l}{C_t^2} \approx 9.07 \times 10^{-7}$N。

需要注意的是，在 LBM 中，为了保证流体的不可压缩性和程序的稳定性，用户在选择仿真参数时，需要保证流动马赫数 $Ma' = \frac{u_m'}{\Delta x/\sqrt{3}\Delta t} \ll 1$，$\tau > 0.5$。此外，除了上例中先给定 H'、ρ' 和 τ 这一方法外，还有以下两种比较常用的方法。

（1）事先给定 H'、ρ' 和 u_m' 的方法 其步骤为：

1）给定 H'、ρ' 和 u_m'，求出 C_l、C_m、C_u。

2）根据公式 $C_t = C_l/C_u$ 求得 C_t。

3）通过公式 $C_\nu = C_l^2/C_t$ 确定黏度转换因子 C_ν，并求得 ν'。

4）通过公式 $\nu' = \left(\tau - \frac{1}{2}\right)/3$ 求得 τ。

5）找出剩余所需的转换因子并确定所取值的有效性。

（2）事先给定 u_m'、ρ' 和 τ 的方法 其步骤为：

1）给定 u_m'、ρ' 和 τ，求出 C_u、C_m、ν'。

2）根据 ν 和 ν' 确定黏度转换因子 C_ν。

3）通过公式 $C_l = C_\nu/C_u$ 确定长度转换因子 C_l，并求得 H'。

4）找出剩余所需的转换因子并确定所取值的有效性。

3.5.3 基于 IB 法的耦合力计算

对纤维运动耦合方程式（3-8）中外力项 $\boldsymbol{F}$ 的求解是通过 IB 方法（浸入边界）来完成的，本文采用基于动量交换的浸入边界法来求解纤维与流场之间的相互作用力。

IBM 是 Peskin[94] 最早提出的用于模拟心脏瓣膜内血液流动的流-固耦合方

法。它既是一种数学建模方法，也是一种数值离散方法。该方法的基本思想是将浸没在流场中的复杂几何外形转换成体积力添加到 N-S 动量方程中。在该方法中，流体和固体分别使用两套网格（两套坐标），流场部分使用欧拉网格（坐标），而浸入在流场中的物面边界则通过一套拉格朗日网格（坐标）点表示，两者的节点可以不必重合，浸入边界法的网格如图 3-10 所示。流体变量通过欧拉坐标来描述，边界的位置和速度等信息通过拉格朗日坐标来描述，因而边界可以随意移动而不必重建网格，浸入边界和流体之间的相互作用可以通过一个 Dirac delta（狄拉克 δ）插值函数来实现，因而该方法计算效率高，且不受边界形状复杂程度的限制，在流-固耦合领域引起了学者们的广泛关注。

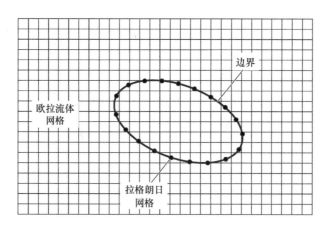

图 3-10　浸入边界法的网格

目前对于流体和边界作用力的计算，主要有三种方法：惩罚力法（penalty method），直接力法（direct forcing method）和动量交换法（momentum exchange method）。

惩罚力法的基本思想是将浸入边界当作一个可变形的具有很高劲度系数的弹簧，边界的任何变化都会促使其产生一个回复力来使其恢复初始形状。因此在惩罚力法中，先要计算出某一边界点相对于原参照点的位置，从而得到其变形量，然后通过胡克定律计算出其回复力的大小。

假设在某一时刻 t，浸入边界的质心位于 $\boldsymbol{X}(t)$，此刻物体的瞬时旋转矩阵为 $\boldsymbol{R}(t)$，边界节点 $\boldsymbol{X}_j(t)$ 可以表示为

$$\boldsymbol{X}_j^r(t) = \boldsymbol{X}(t) + \boldsymbol{R}(t)\left[\boldsymbol{X}_j^r(0) - \boldsymbol{X}(0)\right] \qquad (3-39)$$

在流体载荷的作用下，边界节点 $\boldsymbol{X}_j(t)$ 会产生轻微的变形，因此会产生一位移 $\xi_j = \boldsymbol{X}_j^t - \boldsymbol{X}_j^r$。在变形情况下，边界节点会产生一个指向初始位置的回复力

F_j，来使其回到参考点的位置，该回复力可由胡克定律计算得到，即

$$F_j = -k\xi_j \tag{3-40}$$

因为需要人工给定弹性系数 k 的值，因而会引入较大的误差，且 k 值取得不合理会使得计算精度和效率下降。直接力法避免了这一点，其通过求解动量方程来计算下一个时间步边界所受到的作用力，即

$$F = \rho\left(\frac{\partial u}{\partial t} + u \cdot \nabla u\right) + \nabla p - \mu\Delta u \tag{3-41}$$

在求得时间层 n 上的速度场和压力场时，为了满足无滑移边界条件在下一个时间层 $n+1$ 边界节点处流体的速度会等于该边界节点的速度 U_j^{n+1}，从而在时间层 $n+1$ 边界节点所受到的力可表示为

$$F_j^{n+1} = \rho\left(\frac{U_j^{n+1} - u_j^n}{\partial t} + u_j^n \cdot \nabla u_j^n\right) + \nabla p_j^n - \mu\Delta u_j^n \tag{3-42}$$

上文中可以发现惩罚力法中定义了多个自定义参数，因此计算结果的精度很大程度上取决于这些参数的选取，基于此，Fadlum 首先提出了直接力法。

$$\rho\left(\frac{\partial u}{\partial t} + u \cdot \nabla u\right) + \nabla p = \mu\Delta u + f \tag{3-43}$$

式（3-43）是带有额外作用力的不可压缩黏性 N-S 方程，可以通过它来描述浸入边界影响下的流场。对于那些用来表示浸入边界的拉格朗日点，其所在位置也作为流场的一部分。因此式（3-43）对于拉格朗日点也是可以应用的。所以作用于拉格朗日点位置处的作用力可以表示为

$$F = \rho\left(\frac{\partial u}{\partial t} + u \cdot \nabla u\right) + \nabla p - \mu\Delta u \tag{3-44}$$

由于在时间步 $t = t_n$ 的速度场和压力场是已知的，所以时间步 $t = t_{n+1}$ 的作用力可以表示为

$$F^{n+1} = \rho\left(\frac{u^{n+1} - u^n}{\delta t} + u^n \cdot \nabla u^n\right) + \nabla p^n - \mu\Delta u^n \tag{3-45}$$

在时间步 $t = t_{n+1}$ 运用无滑移边界条件，拉格朗日点处的流场速度等于相同位置处的拉格朗日点速度 U_B^{n+1}（即边界速度）。所以，式（3-45）可以改写为

$$F^{n+1} = \rho\left(\frac{U_B^{n+1} - u^n}{\delta t} + u^n \cdot \nabla u^n\right) + \nabla p^n - \mu\Delta u^n \tag{3-46}$$

上述方程就是直接力法的计算格式。在计算作用力 F 的过程中，没有用到任何的自定义系数。上述方程中的拉格朗日点处的速度 u^n 需要通过一个双线性插值由周围的欧拉点获得。这样做的话，在计算作用力 f 的过程中精度能够达

到二阶。通过方程得到作用力 $\boldsymbol{F}$ 之后，通过 Dirac delta 函数将边界产生的集中作用力 $\boldsymbol{F}$（作用于拉格朗日点上）转化为周围欧拉点上的分布作用力 $\boldsymbol{f}$。

由于直接力法需要求解动量方程，这会降低 LBM 方法本身的优点。因此本文采用 Niu 等人[95]提出的动量交换法来计算纤维和气流场的耦合。

在基于动量交换 IB-LBM 方法中，边界节点的九个方向上的分布函数需要先通过插值得到。本文通过 Peskin 提出的光顺后 Dirac delta 函数来计算边界节点上的分布函数。

$$f_j(\boldsymbol{X},t) = \sum_x f_j(\boldsymbol{x},t)\sigma_h(\boldsymbol{x}-\boldsymbol{X})h^2 \tag{3-47}$$

其中

$$\sigma_h(\boldsymbol{x}-\boldsymbol{X}) = \frac{1}{h^2}\psi\left(\frac{x-X}{h}\right)\psi\left(\frac{y-Y}{h}\right) \tag{3-48}$$

$$\psi(r) = \begin{cases} \frac{1}{4}\left[1+\cos\left(\frac{\pi|r|}{2}\right)\right] & |r|\leqslant 2 \\ 0 & \text{其他} \end{cases} \tag{3-49}$$

式中，h 是欧拉网格步长；$\sum_x$ 是对所有欧拉网格节点求和；$\boldsymbol{x}$ 为欧拉网格点坐标；x，y 分别为欧拉网格点的横、纵坐标数值；$\boldsymbol{X}$ 为拉格朗日网格坐标；X，Y 分别为拉格朗日网格的横、纵坐标数值。

为了实现无滑移边界条件，需要先通过反弹格式计算出边界点上的一系列分布函数，具体公式为

$$f_{-j}(\boldsymbol{X},t+\Delta t) = f_j(\boldsymbol{X},t) - 2\omega_j\rho\frac{\boldsymbol{e}_j\boldsymbol{U}(\boldsymbol{X},t)}{c_s^2} \tag{3-50}$$

式中，$-j$ 是 j 的反方向，即 $\boldsymbol{e}_{-j} = -\boldsymbol{e}_j$；$\rho$ 是流体在该边界节点处的密度。

接下来，作用于边界点上的力就可以通过以下的动量交换方法计算得到。

$$\boldsymbol{F}(\boldsymbol{X},t) = -\boldsymbol{e}_j\sum_j[f_{-j}(\boldsymbol{X},t+\Delta t)-f_j(\boldsymbol{X},t)] \tag{3-51}$$

进一步我们可以计算边界施加给流体的作用力

$$\boldsymbol{f}(\boldsymbol{x},t) = \sum_X \boldsymbol{e}_j\boldsymbol{F}(\boldsymbol{X},t)\sigma_h(\boldsymbol{x}-\boldsymbol{X})\Delta s \tag{3-52}$$

式中，Δs 是相邻拉格朗日节点间距；$\sum_X$ 是对所有的拉格朗日节点求和。

本文在求解纤维运动耦合方程时，为了增加程序的稳定性，使用了三阶龙格-库塔法来更新纤维节点的位置以及速度，在该方法中，纤维节点和速度的更新被分成了三步

$$U_i^{(1)} = U_i^n + \Delta t\frac{\partial U_i^n}{\partial t^2} \tag{3-53}$$

$$X_i^{(1)} = X_i^n + \Delta t U_i^n \tag{3-54}$$

$$U_i^{(2)} = \frac{3}{4}U_i^n + \frac{1}{4}\left(U_i^{(1)} + \Delta t\,\frac{\partial U_i^{(1)}}{\partial t^2}\right) \tag{3-55}$$

$$X_i^{(2)} = \frac{3}{4}X_i^n + \frac{1}{4}\left(X_i^{(1)} + \Delta t U_i^{(1)}\right) \tag{3-56}$$

$$U_i^{n+1} = \frac{1}{3}U_i^n + \frac{2}{3}\left(U_i^{(2)} + \Delta t\,\frac{\partial U_i^{(2)}}{\partial t^2}\right) \tag{3-57}$$

$$X_i^{n+1} = \frac{1}{3}X_i^n + \frac{2}{3}\left(X_i^{(2)} + \Delta t U_i^{(2)}\right) \tag{3-58}$$

式中，带括号的上角标为更新过程中的中间量；上角标 n 为时间步；下角标 i 为第 i 个拉格朗日节点。

本研究采用 C++ 语言来实现基于动量交换 IB-LBM 方法的算法，所编写的程序的基本计算流程如图 3-11 所示。

给定所有变量在时间步 n 的值，我们所采用的 IB-LBM 具体计算过程为：

1）进行不受外力的 LBM 的碰撞和迁移过程直到收敛来获得初始流场。

2）通过式（3-47）来计算边界节点九个方向上的分布函数。

3）根据反弹规则，使用式（3-50）来计算边界节点在下一个时间步的分布函数。

4）根据式（3-51）来计算拉格朗日边界节点所受到的力 $\boldsymbol{F}(\boldsymbol{X},\ t)$。

5）根据式（3-52）将拉格朗日力 $\boldsymbol{F}(\boldsymbol{X},\ t)$ 施加到周围流体，得到边界对流体的作用力 $\boldsymbol{f}(\boldsymbol{x},\ t)$。

6）根据式（3-13）和式（3-14），通过考虑外力的碰撞迁移 LBM 演化过程来更新流体点的分布函数 $f_j(\boldsymbol{x} + \boldsymbol{e}_j\Delta t,\ t + \Delta t)$。

7）通过式（3-18）和式（3-19）计算流体的密度 ρ，速度 $\boldsymbol{u}$ 等宏观量。

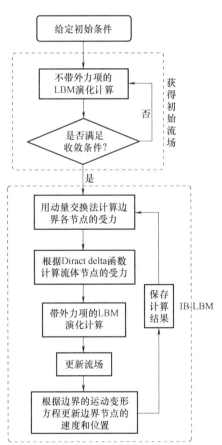

图 3-11　程序的基本计算流程

8）根据式（3-53）～式（3-58），使用三阶龙格-库塔法来更新边界节点的位置 X 和速度 U。

9）重复第 2～8 步直到计算完成。

3.6 算例分析

自从 Zhang 等人[96]通过试验方法研究了柔性细丝在二维皂膜中的运动，发现了柔性细丝在二维皂膜中运动的双稳态特性，即拉伸-伸直状态和摆动状态。该问题作为风中旗问题（flag-in-wind problem）的二维简化，打破了先前学者们普遍认为的旗帜在风中只有摆动一种状态的认识，引起了广大学者们的兴趣，很多学者试图通过数值模拟的手段来重现并且进一步解释分析这一现象。本小节选择数值模拟一头端固定、尾端自由的柔性细丝在均匀来流中的运动，来作为检验该程序对柔性浸入边界问题计算的准确性。

3.6.1 算例设置

本算例的几何模型和边界条件如图 3-12 所示，计算域为一 $13L_f \times 4L_f$ 的矩形，柔性细丝的长度为 L_f，细丝的头端固定在 $\left(\dfrac{1}{4}L, \dfrac{1}{2}H\right)$ 的位置，入口处是流速为 u_∞ 的均匀来流。计算时流体部分的网格点为 468×144，细丝的拉格朗日节点数为 30，来流马赫数 $Ma = 0.1$（来保证流体的不可压缩以及数值稳定），欧拉网格步长 $dx = dy = 1$，时间步长 $dt = dx$，拉格朗日网格步长 $ds = 0.8$（根据参考文献［97］，拉格朗日节点间距需要小于欧拉网格间距来防止流体穿越边界，来保证数值精度），流体运动黏度 ν 根据所给定的雷诺数来确定。在边界条件上，计算域的入口给定一均匀分布的速度函数，出口给定零梯度边界条件，上下壁面使用无滑移壁面条件。对于纤维，使其头端简单铰支设为固定端，尾端则设为自由端。

定义表征细丝物理性质的无量纲密度 M，无量纲拉伸系数 $\hat{K}_s$，无量纲弯曲刚度 $\hat{K}_b$ 分别为

$$M = \frac{\rho_s}{\rho L_f} \tag{3-59}$$

$$\hat{K}_s = \frac{K_s}{\rho U^2 L_f} \tag{3-60}$$

$$\hat{K}_{b} = \frac{K_{b}}{\rho U^{2} L_{f}^{3}} \qquad (3\text{-}61)$$

式中，ρ_s 为柔性细丝的线密度；ρ 为流体的密度；K_s 和 K_b 分别柔性细丝的拉伸系数和弯曲刚度；U 和 L_f 分别为流动的特征速度和特征长度。

本算例给定的雷诺数 $Re = 165$，无量纲拉伸系数 $\hat{K}_s = 40$，来保证细丝拉伸长度足够小并保证数值稳定（$\hat{K}_s$ 取值需要足够大来保证细丝伸长率足够小，同时又不能取太大，过大会使程序不稳定），无量纲弯曲刚度 $\hat{K}_b = 5 \times 10^{-3}$，柔性细丝长度 $L_f = 36\text{mm}$，水平摆放，来计算无量纲密度 M 分别等于 0.2、0.3 和 0.5 的丝线摆动和流场情况。细丝的边界条件给定为头端位移为 0，头端和尾端的弯矩为 0，尾端的剪力为 0，即

$$X_0^t = X_0^t = 0 \qquad (3\text{-}62)$$

$$\left. \frac{\partial^2 X_i}{\partial s^2} \right|_{i=0} \qquad (3\text{-}63)$$

$$\left. \frac{\partial^2 X_i}{\partial s^2} \right|_{i=N} = 0 \qquad (3\text{-}64)$$

$$\left. \frac{\partial^3 X_i}{\partial s^3} \right|_{i=N} = 0 \qquad (3\text{-}65)$$

式中，s 为细丝拉格朗日节点间距；N 为细丝总节点数，给定以上边界条件，便可模拟一端固定柔性细丝在流场中的运动状态。

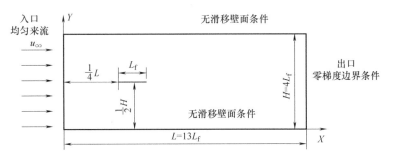

图 3-12　本算例的几何模型和边界条件

3.6.2　计算结果

图 3-13 所示为不同无量纲质量 M 下，数值模拟一端固定柔性细丝在均匀来流中的摆动状态及其涡量图，其中虚线表示涡量为负，实线表示涡量为正，红色实线为柔性细丝。可以看出当 $M = 0.2$ 的时候，柔性细丝最终会保持水平

伸直的稳定状态，即便对其施加一个小的扰动，细丝也不会进入持续摆动状态，根据参考文献 [97]，丝线的质量在丝线 – 皂膜系统中起着关键作用，无质量的丝线虽然有速度，但没有动量（动量＝速度×质量），因此无法从周围流体中吸收能量，而使自身持续摆动。丝线- 皂膜系统中存在一个临界质量，当丝线小于这个质量的时候，无法进入持续摆动的状态。本例中，丝线的临界无量纲质量 $M = 0.2 \sim 0.3$，与 Yuan 等人[72] 的仿真结果一致。根据图 3-13b 的计算结果，可以看到当 $M = 0.3$ 的时候，水平放置的细丝已经能够失稳而进入上下摆动状态，其后会发生涡的分离和脱落。当 M 逐渐增大，达到 0.5 的时候，细丝的摆动幅度会进一步增大，后面的一级涡出现了分裂成二级涡的趋势。

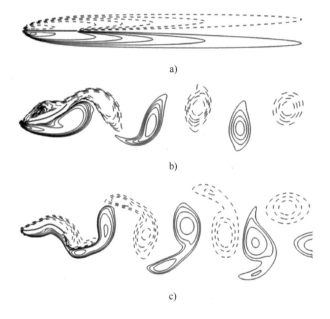

a)

b)

c)

图 3-13　不同无量纲质量 M 下柔性细丝的摆动状态及其涡量图

a) $M = 0.2$　b) $M = 0.3$　c) $M = 0.5$

图 3-14 所示为 $M = 0.3$，$Re = 165$ 时，柔性细丝的运动轨迹，红色粗实线为柔性细丝尾端（自由端）的轨迹。可以看出其尾端轨迹形状近似为 "8" 字，尽管雷诺数不同（本文计算的雷诺数低了两个量级），但这和 Zhang 等人[96] 的二维细丝- 皂膜试验得到的细丝尾端轨迹相吻合。

　　因此，本文采用的 IB- LBM 方法和所编译的程序不仅能处理刚性的边界，还能较好地模拟具有柔性浸入边界的流场。

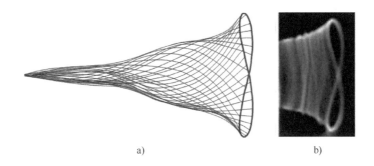

a) b)

图 3-14 柔性细丝的运动轨迹

a）本文的计算结果（$M = 0.3$，$Re = 165$）　　b）Zhang 等人的试验结果

Chapter 4

第 4 章　喷气织机中气流-纤维的耦合运动特性

4.1　主喷嘴气流场特性

主喷嘴是喷气织机的重要部件，其作用是对气流进行调制、加速，从而带动纱线获得一定的稳定飞行速度。另外，主喷嘴的气流还对确定气流合成的方向起着主导作用。由于喷嘴直径小、喷口气流速度高、喉部截面积小，采用数值计算的方法研究这样的高速气流场是最好的方法。

4.1.1　主喷嘴内部流动理论分析

本书研究的主喷嘴为目前主流喷气织机普遍使用的组合式喷嘴结构，如图 4-1 所示。

高压气流从入口进入喷嘴，通过气流加速区加速。气流加速区由第一气室、整流槽、亚音速加速区和喉部组成。第一气室为环状，气流进入第一气室时沿轴线方向及圆周方向流动，产生高速涡流。整流槽为沿圆周分布的许多条沟槽，第一气室的高速涡流气流在流过沟槽时流动方向得到调整，使之成为直流。气流在亚音速加速区加速成为亚音速的轴流，通过环形缝隙喉部时达到音速或超音速。导纱管为等截面管流道，包含纬纱引射区和纬纱加速区。当气流进入导纱管时，气流静压已大大低于喷嘴芯管内的气压，负压作用使纬纱从纬纱入口进入导纱管，纬纱在导纱管内被加速。喷嘴芯的作用是对气流加速和便于穿纱，对纱线的加速则是在导纱管内完成。

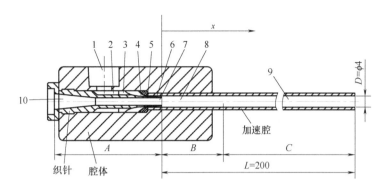

图 4-1 喷气织机主喷嘴结构示意图

1—气流入口 2—第一气室 3—整流槽 4—尾流区 5—亚音速加速区 6—喉部
7—纬纱流道 8—纬纱引射区 9—纬纱加速区 10—纬纱入口

为分析主喷嘴内的流场特性，可把气流区域分为三部分，如图 4-1 中的区域 A、B、C。

区域 A：称之为"气流汇聚区"。

区域 B：从喷嘴芯头端 $x/D=0$ 到 $x/D=5$ 处。当高速气流从喉部进入导纱管时，由于气流的突扩特性，在喷嘴芯头端产生负压，从而形成涡流，并能卷吸喷嘴芯末端外的空气。该区域可称为"突扩管流区"。

区域 C：气流在该区域只受绝热管的摩擦力，是典型的"法诺流区"。

4.1.2 数值计算方法及结果分析

1. 数学模型

为简便计算，做如下考虑：

1）假设流入喷嘴中的气体是可压缩理想气体：①气体的物性参数在时间和空间上均为常数；②忽略重力影响。

2）由于不考虑热交换，忽略能量方程。

3）只考虑湍流的统计平均量。

在欧拉坐标系中建立连续方程和 N-S 方程如下：

连续方程

$$\frac{\partial(\rho u_x)}{\partial x}+\frac{\partial(\rho u_y)}{\partial y}+\frac{\partial(\rho u_z)}{\partial z}=0 \tag{4-1}$$

N-S 方程

$$\rho\left(\frac{\partial u_x}{\partial t}+u_x\frac{\partial u_x}{\partial x}+u_y\frac{\partial u_x}{\partial y}+u_z\frac{\partial u_x}{\partial z}\right)=-\frac{\partial p}{\partial x}+\mu\left(\frac{\partial^2 u_x}{\partial x^2}+\frac{\partial^2 u_x}{\partial y^2}+\frac{\partial^2 u_x}{\partial z^2}\right)+\rho g_x \tag{4-2}$$

$$\rho\left(\frac{\partial u_y}{\partial t} + u_x\frac{\partial u_y}{\partial x} + u_y\frac{\partial u_y}{\partial y} + u_z\frac{\partial u_y}{\partial z}\right) = -\frac{\partial p}{\partial y} + \mu\left(\frac{\partial^2 u_y}{\partial x^2} + \frac{\partial^2 u_y}{\partial y^2} + \frac{\partial^2 u_y}{\partial z^2}\right) + \rho g_y$$

$$(4-3)$$

$$\rho\left(\frac{\partial u_z}{\partial t} + u_x\frac{\partial u_z}{\partial x} + u_y\frac{\partial u_z}{\partial y} + u_z\frac{\partial u_z}{\partial z}\right) = -\frac{\partial p}{\partial x} + \mu\left(\frac{\partial^2 u_z}{\partial x^2} + \frac{\partial^2 u_z}{\partial y^2} + \frac{\partial^2 u_z}{\partial z^2}\right) + \rho g_z \quad (4-4)$$

针对主喷嘴内气流的跨音速特性，湍流模型采用标准的 $k\text{-}\varepsilon$ 双方程模型。

k 方程

$$\rho\frac{\partial k}{\partial t} + \rho u_j\frac{\partial k}{\partial x_j} = \frac{\partial}{\partial x_j}\left[\left(\eta + \frac{\eta_t}{\sigma_k}\right)\frac{\partial k}{\partial x_j}\right] + \eta_t\frac{\partial u_i}{\partial x_j}\left(\frac{\partial u_i}{\partial x_j} + \frac{\partial u_j}{\partial x_i}\right) - \rho\varepsilon \qquad (4-5)$$

ε 方程

$$\rho\frac{\partial \varepsilon}{\partial t} + \rho u_k\frac{\partial \varepsilon}{\partial x_k} = \frac{\partial}{\partial x_k}\left[\left(\eta + \frac{\eta_t}{\sigma_\varepsilon}\right)\frac{\partial \varepsilon}{\partial x_k}\right] + \frac{c_1\varepsilon}{k}\eta_t\frac{\partial u_i}{\partial x_j}\left(\frac{\partial u_i}{\partial x_j} + \frac{\partial u_j}{\partial x_i}\right) - c_2\rho\frac{\varepsilon^2}{k} \quad (4-6)$$

其中

$$\eta_t = c'_\mu\rho k^{\frac{1}{2}}l = (c'_\mu c_D)\rho k^2\frac{1}{c_D k^{\frac{3}{2}}/l} = c_\mu\rho k^2/\varepsilon$$

$$c_\mu = c'_\mu c_D \qquad (\text{湍流黏性系数方程})$$

这一方程组中的五个经验常数取值如下：

$c_\mu = 0.09$，$c_1 = 1.44$，$c_2 = 1.92$，$\sigma_k = 1.0$，$\sigma_\varepsilon = 1.3$。

2. 控制方程离散格式

为克服迎风差分截差比较低的缺点，离散格式采用二阶迎风格式，如图 4-2 所示。

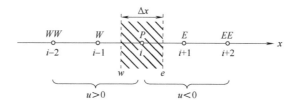

图 4-2   二阶迎风格式示意图

P 为广义节点，图 4-2 中阴影部分为计算节点 P 处的控制体积，E、W 为 P 的相邻节点，e、w 为控制体积的界面。w 处物理量 φ 的值同时受到 φ_P、φ_{WW}、φ_W 的共同影响，考虑流动方向的影响，界面上未知量恒取上游节点的值。u 为速度场。

二阶迎风格式的对流-扩散方程的离散方程为

$$a_P \varphi_P = a_W \varphi_W + a_{WW} \varphi_{WW} + a_E \varphi_E + a_{EE} \varphi_{EE} \tag{4-7}$$

其中

$$a_P = a_E + a_W + a_{EE} + a_{WW} + (F_e - F_w)$$

$$a_W = D_w + \frac{3}{2} a F_w + \frac{1}{2} a F_e$$

$$a_E = D_e - \frac{3}{2}(1-a)F_e - \frac{1}{2}(1-a)F_w$$

$$a_{WW} = \frac{1}{2} a F_w$$

$$a_{EE} = \frac{1}{2}(1-a)F_e$$

式中，F 为通过界面上单位面积的对流质量通量，简称对流质量流量；D 为界面的扩散传导性。

u 为速度场，因为

$$F \equiv \rho u, \quad D \equiv \frac{\Gamma}{\delta x}$$

所以

$$F_w = (\rho u)_w, \quad D_w = \frac{\Gamma_w}{(\delta x)_w}, \quad F_e = (\rho u)_e, \quad D_e = \frac{\Gamma_e}{(\delta x)_e}。$$

当流动沿着正方向，即 $F_w > 0$ 及 $F_e > 0$ 时，$a = 1$；当流动沿着负方向，即 $F_w < 0$ 及 $F_e < 0$ 时，$a = 0$。

二阶迎风格式考虑了物理量在节点间分布曲线的曲率影响，实际上是对对流项采用了二阶迎风格式，而扩散项仍采用中心差分格式。其显著特点是单个方程不仅包含有相邻节点的未知量，还包括相邻节点旁边的其他节点的物理量，具有二阶精度截差。

3. 边界条件设置及网格生成

设有两个压力入口，为气流入口和喷嘴芯入口，总压与静压均设为大气压；出口选择压力出口条件，压力为大气压；壁面给定无滑移和绝热边界。

计算区域主要采用六面体结构化网格，少数区域用四面体网格过渡，导纱管出口处接 $\phi 30\text{mm} \times 100\text{mm}$ 外流场计算域（见图 4-3）。

4. 整流槽形状对主喷嘴流场的影响

无整流槽、8 齿整流槽和 12 齿整流槽（截面积相同）的喷嘴，其剖面图如图 4-4 所示。

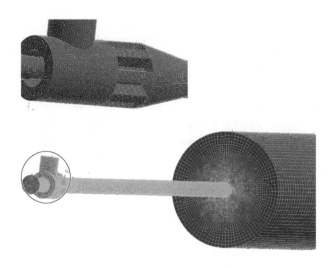

图 4-3　8 齿整流槽主喷嘴网格

图 4-4　主喷嘴整流槽剖面图

a）无整流槽　b）8 齿整流槽　c）12 齿整流槽

　　图 4-5 所示分别为无整流槽、8 齿整流槽和 12 齿整流槽（截面积相同）情况下主喷嘴第一气室截面的流线图。在无整流槽时，第一气室中形成了明显的涡流；而在 8 齿整流槽、12 齿整流槽情况下，涡流被打碎，流过沟槽时流动方向得到调整，成为直流。

　　图 4-6 所示为输入气压为 0.4MPa 时三种形状主喷嘴轴线速度的分布情况。由图中可知，在 A 区喷嘴芯内，12 齿整流槽主喷嘴气流速度最大，即初期引纬效果最好；而后，进入导纱管内，三种形状主喷嘴气流速度变化基本一致。气流速度在喷嘴出口处达到最大值，维持一段时间后急剧下降。

　　图 4-7 所示为输入气压为 0.4MPa 时三种形状主喷嘴轴线静压的分布情况。无整流槽时，导纱管内最大静压为 0.2MPa；8 齿整流槽时，导纱管内最大静压为 0.197MPa；12 齿整流槽时，导纱管内最大静压为 0.196MPa。无整流槽时导纱管内静压最高，槽齿的存在会造成压力损失。

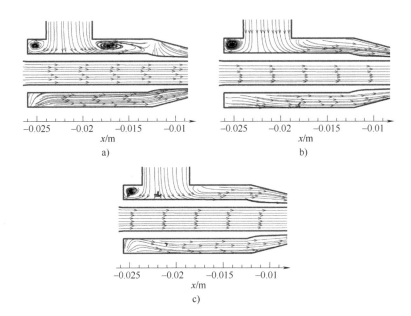

图 4-5 主喷嘴第一气室截面的流线图

a) 无整流槽 b) 8 齿整流槽 c) 12 齿整流槽

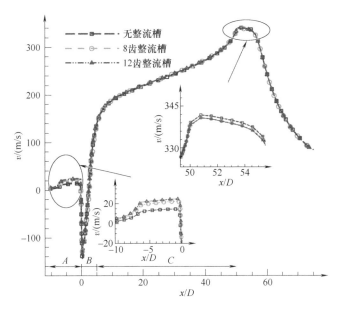

图 4-6 输入气压为 0.4MPa 时三种形状

主喷嘴轴线速度的分布情况

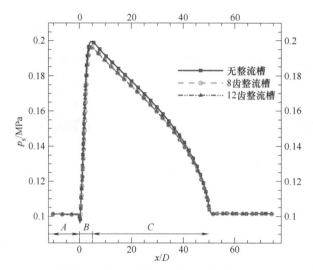

图4-7　输入气压为0.4MPa时三种形状主喷嘴轴线静压的分布情况

由上述分析可得，整流槽的存在对气流汇聚区的速度有一定的影响，但对法诺流区速度影响较小，它的主要作用是减少涡流，使气流更为稳定，使得喷嘴芯入口处引纬效果更好。

5. 输入气压对主喷嘴流场的影响

图4-8所示是在输入气压为0.2～0.6MPa的情况下8齿整流槽主喷嘴计算所得的突扩管流区 B 区速度云图。从喉部出来的高速气流，受喷嘴芯头端负压的影响，在 B 区形成涡流。在输入气压为0.2MPa和0.3MPa时，气流在 B 区形成一对称涡流；在输入气压为0.4MPa、0.5MPa和0.6MPa时，气流在 B 区形成二对称涡流。而在输入气压为0.2MPa、0.3MPa和0.4MPa时，喷嘴芯内空气受涡流卷吸作用流入导纱管内；在输入气压为0.5MPa和0.6MPa时，喷嘴芯内空气未卷吸入导纱管内，反而是被推出喷嘴芯。

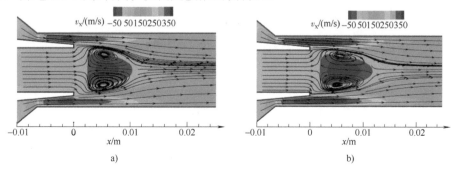

图4-8　不同输入气压时主喷嘴突扩管流区速度云图

a）0.2MPa　b）0.3MPa

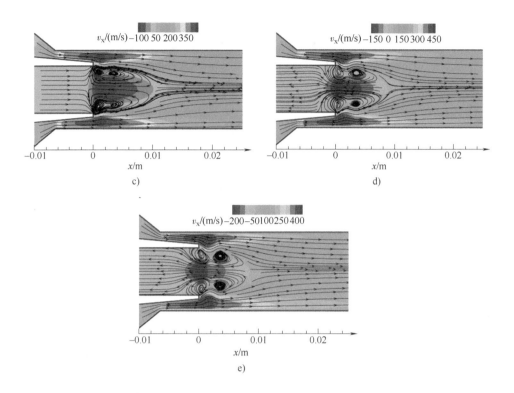

图 4-8　不同输入气压时主喷嘴突扩管流区速度云图（续）

c）0.4MPa　d）0.5MPa　e）0.6MPa

因此，对于 8 齿整流槽的主喷嘴来说，并不是输入气压越高，就越有利于引纬。这种结构的主喷嘴存在输入气压的极限值，通过优化结构可以提高这个极限值。

图 4-9 所示是在输入气压为 0.2~0.6MPa 的情况下 8 齿整流槽主喷嘴轴线气流速度和马赫数的分布。气流加速经过两个过程，在突扩管流区气流瞬间加速至 200m/s 左右，随后在法诺流区气流逐步加速到峰值。气流速度随输入气压的增加而增加，但非线性。当输入气压大于 0.4MPa 时，喷嘴出口处气流速度达到音速。

因此，若定义最优输入气压是使得喷嘴出口速度达到音速的最小输入气压，则可以认为最优输入气压为 0.4MPa 左右。输入气压低于 0.4MPa 的气流不能满足加速的要求，输入气压高于 0.4MPa 的气流则会在喷嘴芯出现逆流，不利于引纬。

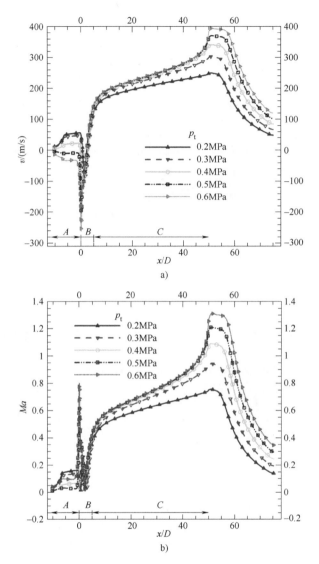

图 4-9　不同输入气压时主喷嘴轴线气流速度和马赫数的分布

　　不同输入气压时主喷嘴静压的分布如图 4-10 所示,突扩管流区的静压随着输入气压的增加而增加,在法诺流区静压又开始下降,在喷嘴出口接近大气压。

　　从图 4-11 中可以发现,在主喷嘴内流场中,纬纱引射区域靠近导纱管壁面的地方气流的速度梯度大,紊动能最大,最高可达到 $8200\text{m}^2/\text{s}^2$,输入气压越高,这个位置的紊动能也越大。同时,输入气压越高,纬纱引射区的紊动能也越大,越不利于纱线穿过纬纱引射区,这与前面分析的气流速度云图的情况相一致。在纬纱加速区的轴线位置,紊动能相对较小,有利于纬纱飞行和加速。

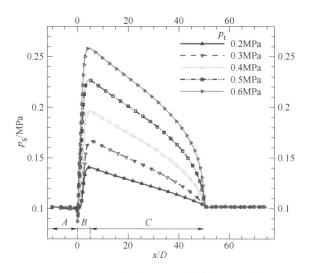

图 4-10 不同输入气压时主喷嘴静压的分布

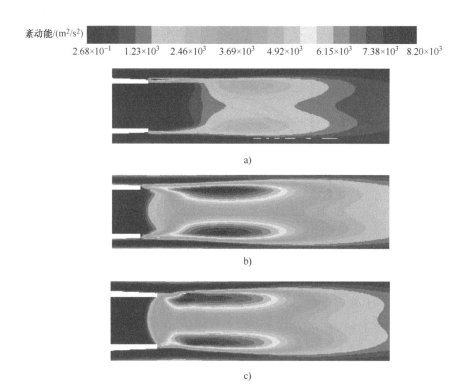

图 4-11 不同输入气压时主喷嘴突扩管流区紊动能云图

a) 0.2MPa b) 0.3MPa c) 0.4MPa

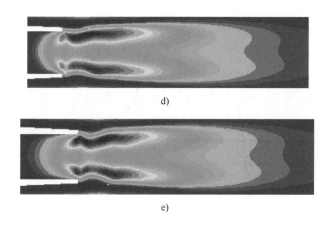

d)

e)

图 4-11 不同输入气压时主喷嘴突扩管流区紊动能云图（续）

d）0.5MPa e）0.6MPa

因此，输入气压并不是越大越有利于纬纱穿越飞行，根据目前的计算结果，对于 8 齿整流槽结构的主喷嘴，最佳的输入气压为 0.4MPa。

6. 导纱管长度对主喷嘴气流场的影响

改变导纱管长度（$L=37.5D$、$50D$ 和 $62.5D$），分析其在相同输入气压下对流场的影响。

不同导纱管长度时主喷嘴轴线速度的分布如图 4-12 所示，导纱管长度变化对于喷嘴出口处气流速度的影响不大，当导纱管长度 L 为 0.15m、0.20m 和 0.25m 时，其出口气流速度都在 320m/s 附近。从理论上说导纱管长度增加，可以增加气流与纱线的耦合作用时间，利于纱线速度稳步提高。但导纱管长度变化对喉部气流有较大影响，当导纱管长度为 0.15m 时，如图 4-12 中红色曲线所示，A 区喷嘴芯气流速度为 60m/s，B 区速度突降为 -60m/s，第一次加速气流速度达 200m/s。当导纱管长度为 0.25m 时，如图 4-12 中蓝色曲线所示，A 区喷嘴芯气流速度为 -20m/s，B 区速度突降为 -180m/s，第一次加速后气流速度达 165m/s。由上面分析可知，导纱管越长，壁面摩擦损失越大，随之熵也增大，气流自动调整管道进口的速度，减少流量，相应的入口马赫数下降，甚至在喉部形成负的气流速度，这种现象称为漏气现象。漏气现象的出现会极大地增加气耗，同时导致在喷嘴芯中无法卷吸空气，阻碍纱线进入纬纱引射区。

因此，主喷嘴的导纱管长度并非越长越好。

不同导纱管长度时主喷嘴静压分布如图 4-13 所示，当导纱管长度为 0.25m

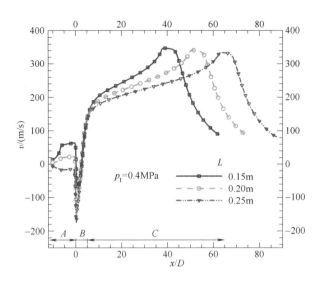

图 4-12　不同导纱管长度时主喷嘴轴线速度的分布

时，在 B 区的静压值最大，可达 0.205MPa；当导纱管长度为 0.20m 时，在 B 区的静压值最大可达 0.195MPa；当导纱管长度为 0.15m 时，在 B 区的静压值最大达 0.185MPa。导纱管越长，B 区的静压就越高。但 B 区的静压过高，会使喷嘴芯前后的压差过小，无法卷吸外界空气，不利于引纬。

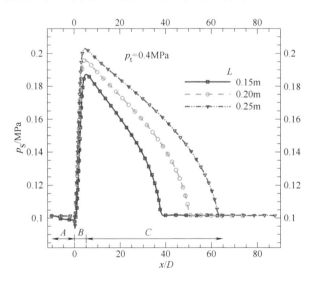

图 4-13　不同导纱管长度时主喷嘴静压分布

因此，通过对以上几种情况的分析，对于主喷嘴内的流场特性可总结如下：

1）整流槽形状对主喷嘴轴线气流速度影响较小，但能影响喷嘴内部的涡流分布，采用合理的整流槽形状有利于气流稳定，有利于纬纱平稳飞行。

2）最优输入气压为 0.4MPa 左右。低于 0.4MPa 的气流不能满足加速的要求，高于 0.4MPa 的气流则会出现多个涡流，在纬纱引射区紊动能急剧增加，不利于纱线加速和稳定。

3）导纱管长度对出口处气流速度影响很小，导纱管越长，气流与纱线的作用时间越长，越有利于纱线稳定加速，但过长的导纱管会产生漏气现象，导致在喷嘴芯中无法卷吸外界空气，阻碍纱线进入纬纱引射区。

4.1.3　主喷嘴外流场特性分析

在导纱管出口附近横截面速度分布类似于钟形（见图 4-14）。将 $v = 0.95v_{max}$ 时钟形的宽度定义为给纱线加速的横截面速度核心区 z_w。在 $x = 0$、$1.5D$、$2.5D$ 和 $5.0D$ 截面处，横截面速度核心区的宽度 z_w 分别为 $5.5D$、$5.75D$、$5.0D$ 和 $2.75D$。随着横截面距离的增加，横截面速度核心区的宽度也相应减小。

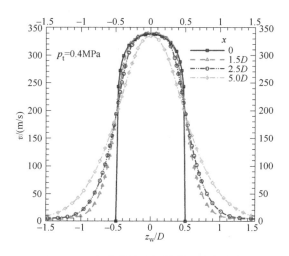

图 4-14　主喷嘴外流场横截面速度分布

主喷嘴外流场轴线速度云图如图 4-15 所示，外流场轴线方向速度分布呈喇叭形，由里向外呈梯度分布，最里面速度高，称为轴线速度核心区。随着气流与周围静止空气的进一步混合，速度核心区两边产生的剪切流逐渐散发到周围空气中，锥形射流边缘逐渐扩大。在 $x = 6.25D$（$x = 25mm$）处，随着气流与周围空气的动量交换，速度核心区消失，气流速度迅速下降。喷嘴出口速度分布与圆射流模型相吻合。

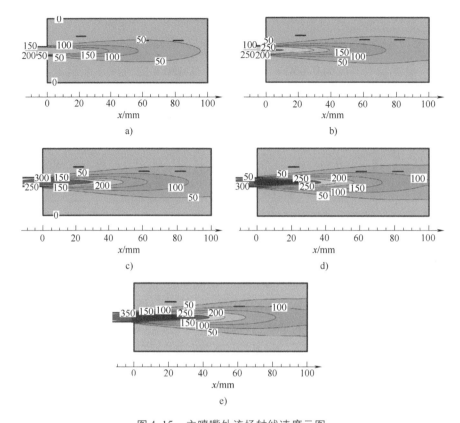

图4-15　主喷嘴外流场轴线速度云图

a）0.2MPa　b）0.3MPa　c）0.4MPa　d）0.5MPa　e）0.6MPa

主喷嘴外流场轴线速度的分布如图4-16所示。当气压从0.2MPa增长到0.6MPa时，喷嘴出口轴线核心速度从247m/s增长到380m/s，随输入压力的增大而增大，但轴线速度的核心区长度并非随气压的增加而线性增长，始终落在20~25mm之间，约为主喷嘴直径的5~6.25倍（直径为4mm）。观察输入气压为0.2MPa的轴线速度曲线，距喷口40mm的气流速度为146m/s，是核心速度的60%左右，而在距喷口80mm时，气流速度已降为核心速度的25%左右，轴线速度随着距离的增加而急剧下降。这是因为出口处的气压高于环境气压，气流与周围气体进行能量交换，导致出口气流速度降低。因此对于喷气织机引纬系统而言，主要关注轴线速度的大小和核心区速度的长度，才能有利于提高纱线的飞行速度和飞行稳定性。

主喷嘴外流场紊动能云图如图4-17所示，由图可知，输入气压越高，射流核心速度越高，与周围流体速度差也越大，紊动能也越大，最高可达到$8000m^2/s^2$，其峰值出现在速度核心区的末端。紊动能沿轴线先急剧增大后逐渐减少。

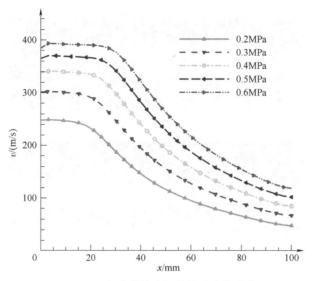

图 4-16　主喷嘴外流场轴线速度的分布

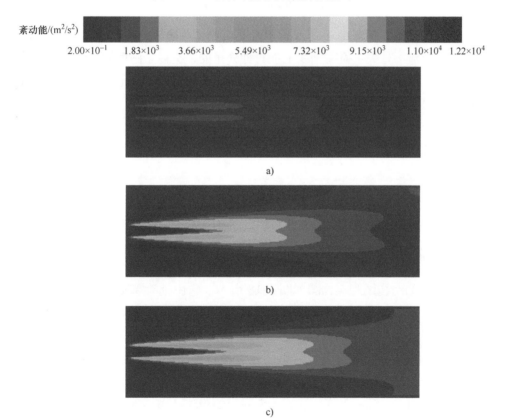

图 4-17　主喷嘴外流场紊动能云图

a) 0.2MPa　b) 0.3MPa　c) 0.4MPa

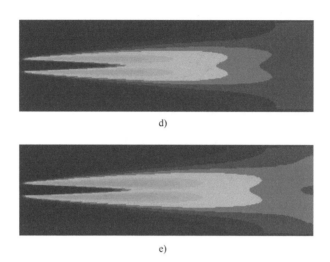

d)

e)

图 4-17   主喷嘴外流场紊动能云图（续）

d) 0.5MPa   e) 0.6MPa

由以上轴线、横截面速度云图和速度曲线、紊动能分布云图的分析可知，主喷嘴出口流场是关于喷嘴轴线上下对称分布的，类似于圆射流。喷嘴出口处的矢量呈扩散状态，速度核心区呈锥形，核心区外气流速度迅速下降。轴线速度的核心区长度约为主喷嘴直径的 5 ~ 6.25 倍。

4.2   辅喷嘴气流场特性

辅喷嘴又称接力喷嘴，是激励喷嘴的一种，它沿着纱线行进方向以某个角度喷射气流，多个喷嘴接力喷射在筘槽内形成高速气流场。

4.2.1   辅喷嘴内部流动理论分析

辅喷嘴的结构图和实物图如图 4-18 所示，它由辅喷嘴支架、辅喷嘴座及喷管组成。进气口直径为 4.85mm，气流出口直径为 1.2mm。喷管头端扁平，开有喷气孔，喷气孔平面有倾角，使喷射方向指向筘槽。喷管与辅喷嘴座固定，与辅喷嘴支架位置可调，调整的角度决定辅喷射气流与主喷射气流合成的大小。

根据辅喷嘴的结构，将其等效为变截面的管流，作如下的简化假设：变截面管道光滑，无黏性气流在其内做绝热流动，截面积的变化是引起流动参数变化的主要因素，将其作为等熵绝热流分析。

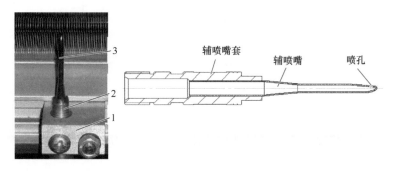

图 4-18　辅喷嘴的结构图和实物图

1—辅喷嘴支架　2—辅喷嘴座　3—喷管

由等熵流动能量方程，可得出口速度和截面马赫数。

$$v = \sqrt{\frac{2k}{k-1}RT\left[1-\left(\frac{p_1}{p_0}\right)^{\frac{k-1}{k}}\right]} \tag{4-8}$$

式中，k 为空气的绝热指数；R 为气体常数；p_1 为背压；p_0 为储气箱中的压力；T 为气体温度。

实际工况下主、辅喷嘴的合成示意图如图 4-19 所示。在与主喷射气流合成时，辅喷嘴有两个重要的工艺参数，喷射角 α 和仰倾角 β。这两个角度与辅喷嘴的安装参数角度和刻度相关。

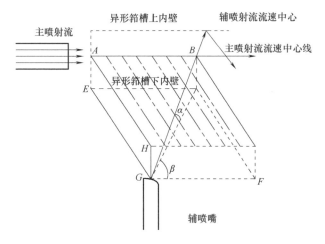

图 4-19　实际工况下主、辅喷嘴的合成示意图

忽略筘槽壁的反射影响，辅喷嘴轴线上的流速可用式（4-9）～式（4-11）计算

$$v_{\text{core}} = \frac{0.97v_0}{0.29 + 2ax/d_0} \qquad (4\text{-}9)$$

$$v_{\text{ab}} = v_{\text{core}}\cos\alpha\cos\beta = \frac{0.97v_0\cos\alpha\cos\beta}{0.29 + 2ax/d_0} \qquad (4\text{-}10)$$

$$x = \frac{H}{\sin\alpha} \qquad (4\text{-}11)$$

式中，a 为喷嘴湍流系数，因喷嘴特性而异，圆形喷嘴为 0.07；d_0 为喷嘴出口处直径。

4.2.2 数值计算方法及结果分析

1. 数学模型

连续方程

$$\frac{\partial\rho}{\partial t} + \frac{\partial(\rho u_k)}{\partial x_k} = 0 \qquad (4\text{-}12)$$

式中，u_k 为三个方向的速度分量（$k = 1,2,3$）；x_k 为笛卡尔坐标上的三个方向，即 (x,y,z)。

N-S 方程

$$\frac{\partial(\rho u_i)}{\partial t} + \frac{\partial(\rho u_i u_k)}{\partial x_k} = -\frac{\partial p}{\partial x_i} + \frac{1}{Re}\frac{\partial\tau_{ij}}{\partial x_j} \qquad (4\text{-}13)$$

其中，应力张量

$$\tau_{ij} = \mu\left(\frac{\partial u_i}{\partial x_j} + \frac{\partial u_j}{\partial x_i}\right) - \frac{2}{3}\mu\frac{\partial u_k}{\partial x_k}\delta_{ij}$$

能量方程

$$\frac{\partial p}{\partial t} + u_k\frac{\partial p}{\partial x_k} + \gamma p\frac{\partial u_k}{\partial x_k} = \frac{\gamma}{PrRe}\frac{\partial}{\partial x_k}\left(\kappa\frac{\partial T}{\partial x_k}\right) + \frac{\gamma-1}{Re}\phi \qquad (4\text{-}14)$$

其中，黏性耗散系数

$$\phi = \tau_{ij}\frac{\partial u_i}{\partial u_j}$$

理想气体方程

$$\rho = \frac{(p_{\text{op}} + p)}{RT'} \qquad (4\text{-}15)$$

其中，T' 由能量方程获得。

2. 边界条件设置及网格生成

湍流模型采用标准的 k-ε 双方程模型，压力-速度耦合算法为 SIMPLE，离散化算法选用二阶迎风格式。入口和出口条件选择压力，压力为大气压，工作介质取为完全气体，壁面给定无滑移和绝热边界。计算区域主要采用六面体结构化网格，少数区域用四面体网格过渡（见图 4-20）。

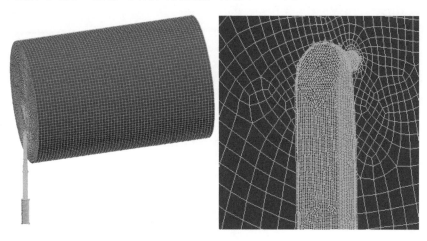

图 4-20　辅喷嘴网格

3. 不同输入气压对辅喷嘴出口流场的影响

辅喷嘴出口轴线核心速度分布如图 4-21 所示。当气压从 0.25MPa 增大到

0.6MPa 时，喷嘴出口轴线核心速度从 232m/s 增长到 290m/s，随着输入压力的增大而增大，但轴线速度的核心区长度并非随气压的增加而线性增长，始终落在 9～11mm 之间，约为辅喷嘴直径的 7.5～10 倍（直径为 1.2mm）。观察输入气压为 0.25MPa 的轴线速度曲线，距喷口 10D 的气流速度为 218m/s，是核心速度的 94% 左右，而在距喷口 20D 时，气流速度已降为核心速度的 60% 左右，轴线速度随着距离的增加而急剧下

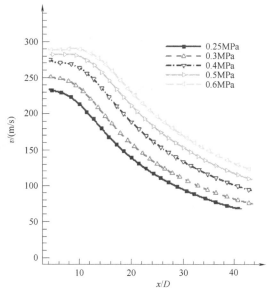

图 4-21　辅喷嘴出口轴线核心速度分布

降。对于喷气织机引纬系统而言，辅喷嘴气流轴线速度相对较低，且核心区速度的长度也短，需要多个辅喷嘴合理布置间距、同时作用才能使箱槽内的气流速度快速、稳定。

4. 不同喷孔形状的影响

辅喷嘴喷孔的形状有如图 4-22 所示几种，设置出口截面积相同，输入气压为 0.55MPa。

图 4-22　辅喷嘴喷孔的形状

仿真得到不同喷孔形状的辅喷嘴出口轴线速度云图如图 4-23 所示。

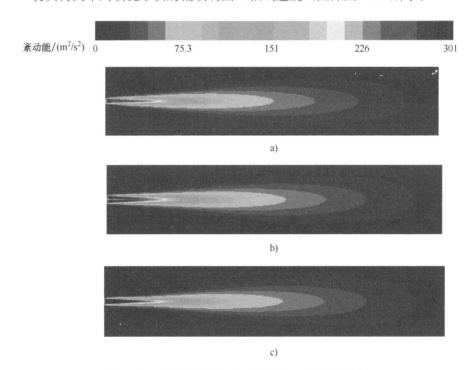

图 4-23　不同喷孔形状的辅喷嘴出口轴线速度云图
a）单圆孔　b）双圆孔　c）矩形孔

由图 4-23 可知，不同形状的辅喷嘴其轴线核心速度大致相同。对于矩形孔辅喷嘴来说，气体从狭长缝中向外喷射时，射流只能在垂直于狭缝长度的方向上扩散，矩形孔口喷出的射流性质近似于平面射流，其速度的衰减比圆孔要小。双圆孔形状的辅喷嘴出口轴线速度核心区的长度稍长，气流喷射能力加强，有利于引纬距离的延长。由理论计算和仿真分析可得，辅喷嘴出口气流速度随输入压力的增大而增大，但轴线速度的核心区长度并非随气压的增加而线性增长，始终落在 9～11mm 之间。不同形状的辅喷嘴其出口轴线核心速度大致相同，相较而言双圆孔形状辅喷嘴出口轴线速度核心区长，气流喷射能力强。矩形孔喷嘴出口轴线速度的衰减比单圆孔喷嘴要小。

4.3 合成气流场特性

要完成喷气引纬的整个过程，必须要有主、辅喷嘴的配合。而在有限空间内多个喷嘴喷射形成的合成气流场气流是脉动、间歇气流，运动状态十分复杂，并不是单个喷嘴外流场特性的简单叠加。因此，本章将着重分析多射流合成特性，分析合成气流场的影响因素，为合理地选择气流输送系统的管道结构、几何尺寸与供气的工艺参数，有效控制气流，符合引纬的要求提供依据。

4.3.1 合成气流场计算模型的建立

1. 几何模型

辅喷射气流以一定的角度射入，碰撞筘槽的上部和底部后形成折射气流，此时由于气流从筘齿缝隙中扩散及与筘槽摩擦而使速度较低，随后折射回的气流与筘槽中主喷射流交汇，此时气流速度最大，是引纬的主气流。为便于讨论，绘制出主、辅喷嘴合成射流场示意图，如图 4-24 所示。

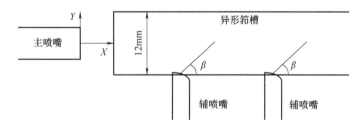

图 4-24 合成气流场位置示意图

图 4-24 中原点就设在主喷嘴出口处，X 轴指向流动方向，Y 轴垂直于筘槽，相应的 X、Y 方向的速度分量为 U_x 和 U_y。

2. 数学模型

根据流体力学原理建立数学模型如下：

连续性方程

$$\frac{\partial \rho}{\partial t} + \frac{\partial U_x}{\partial x} + \frac{\partial U_y}{\partial y} = 0 \tag{4-16}$$

动量方程

$$\overline{U}_x \frac{\partial \overline{U}_x}{\partial x} + \overline{U}_y \frac{\partial \overline{U}_x}{\partial y} = -\frac{1}{\rho}\frac{\partial \overline{p}}{\partial x} + v\frac{\partial^2 \overline{U}_x}{\partial x^2} + v\frac{\partial^2 \overline{U}_x}{\partial y^2} - \frac{\partial \overline{u_x^2}}{\partial x} - \frac{\partial \overline{u_x u_y}}{\partial y} \tag{4-17}$$

$$\overline{U}_x \frac{\partial \overline{U}_y}{\partial x} + \overline{U}_y \frac{\partial \overline{U}_y}{\partial y} = -\frac{1}{\rho}\frac{\partial \overline{p}}{\partial y} + v\frac{\partial^2 \overline{U}_y}{\partial x^2} + v\frac{\partial^2 \overline{U}_y}{\partial x^2} - \frac{\partial \overline{u_y^2}}{\partial y} - \frac{\partial \overline{u_x u_y}}{\partial x} \tag{4-18}$$

在近壁区，X 方向的动量方程中黏性项起主要作用，而 Y 方向的动量方程中黏性项可以忽略，因此 Y 方向的动量方程可简化为

$$\frac{\partial \overline{p}}{\partial y} + \rho\frac{\partial \overline{u_y^2}}{\partial y} = 0 \tag{4-19}$$

在非近壁区，X 方向与自由湍流得到的方程一致，可简化为

$$\overline{U}_x \frac{\partial \overline{U}_x}{\partial x} + \overline{U}_y \frac{\partial \overline{U}_x}{\partial y} = -\frac{1}{\rho}\frac{\partial p_0}{\partial x} + v\frac{\partial^2 \overline{U}_x}{\partial y^2} - \frac{\partial \overline{u_x u_y}}{\partial y} \tag{4-20}$$

式中，$p_0 = \overline{p} + \rho\overline{u_y^2}$，$p_0$ 为同一截面但在湍流区外的压力；v 为拉格朗日湍流速度；$\overline{U}_x$、$\overline{U}_y$ 为速度分量的时间平均值；u_x、u_y 为湍流分量。

能量方程

$$\frac{\partial}{\partial x}\overline{U}_x\left(\frac{p_0}{\rho} + \frac{\overline{U}_x^2}{2}\right) + \frac{\partial}{\partial y}\overline{U}_y\left(\frac{p_0}{\rho} + \frac{\overline{U}_x^2}{2}\right) = -\overline{U}_x\frac{\partial \overline{u_x u_y}}{\partial y} + v\overline{U}_x\frac{\partial^2 \overline{U}_x}{\partial y^2} \tag{4-21}$$

根据第 2 章讨论的结果，湍动能在壁面法向方向上的梯度为零，k-ε 方程重述如下：

k 方程为

$$\rho\frac{\partial k}{\partial t} + \rho u_j\frac{\partial k}{\partial x_j} = \frac{\partial}{\partial x_j}\left[\left(\eta + \frac{\eta_t}{\sigma_k}\right)\frac{\partial k}{\partial x_j}\right] + \eta_t\frac{\partial u_i}{\partial x_j}\left(\frac{\partial u_i}{\partial x_j} + \frac{\partial u_j}{\partial x_i}\right) - \rho\varepsilon \tag{4-22}$$

ε 方程为

$$\rho\frac{\partial \varepsilon}{\partial t} + \rho u_k\frac{\partial \varepsilon}{\partial x_k} = \frac{\partial}{\partial x_k}\left[\left(\eta + \frac{\eta_t}{\sigma_\varepsilon}\right)\frac{\partial \varepsilon}{\partial x_k}\right] + \frac{c_1\varepsilon}{k}\eta_t\frac{\partial u_i}{\partial x_j}\left(\frac{\partial u_i}{\partial x_j} + \frac{\partial u_j}{\partial x_i}\right) - c_2\rho\frac{\varepsilon^2}{k} \tag{4-23}$$

其中

$$\eta_t = c_\mu'\rho k^{\frac{1}{2}}l = (c_\mu' c_D)\rho k^2\frac{1}{c_D k^{\frac{3}{2}}/l} = c_\mu\rho k^2/\varepsilon, c_\mu = c_\mu' c_D$$

这一方程组中的五个经验常数的取值如下

$$c_\mu = 0.09, c_1 = 1.44, c_2 = 1.92, \sigma_k = 1.0, \sigma_\varepsilon = 1.3$$

壁面函数为

$$U^* = \frac{1}{\kappa}\ln(Ey^*), \quad y^* > 11.225 \tag{4-24}$$

$$U^* = y^*, \quad y^* < 11.225 \tag{4-25}$$

其中

$$U^* = \frac{U_p C_\mu^{\frac{1}{4}} k_p^{\frac{1}{2}}}{\tau_w / \rho}, \quad y^* = \frac{\rho C_\mu^{\frac{1}{4}} k_p^{\frac{1}{2}} y_p}{\mu}$$

式中，κ 是 Von Karman（冯·卡门）常数，为 0.42；E 是试验常数，为 9.81；U_p 是流场中任意点 p 的流体平均速度；k_p 是 p 点的湍动能；y_p 是 p 点到壁面的距离；μ 是流体的动力黏度。

湍动能产生率为

$$G_k \approx \tau_w \frac{\partial U}{\partial y} = \tau_w \frac{\tau_w}{k\rho C_\mu^{\frac{1}{4}} k_p^{\frac{1}{2}} y_p} \tag{4-26}$$

耗散率为

$$\varepsilon_p = \frac{C_\mu^{\frac{3}{4}} k_p^{\frac{3}{2}}}{k y_p} \tag{4-27}$$

3. 边界条件设置（见图 4-25）

（1）进口边界条件　根据主、辅喷嘴速度，将合成气流场进口边界设置为速度入口。

（2）出口边界条件　自由面选为压力出口，异形筘壁面选为无滑移壁面。

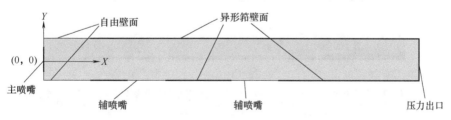

图 4-25　复合流场的几何模型示意图

4.3.2　数值计算结果及分析

对于喷气引纬系统而言，评价引纬系统的优劣标准是纱线飞行的速度和飘动的强度。而对于作为载体的合成气流场而言，评价的标准是气流的紊动能和轴线气流速度大小和流速变化率。射流紊动能分布均匀可以减少纬纱在气流中的飘动，气流轴线速度越高、流速变化率越小，对纱线牵引力越大，纱线速度越高。

1. 主喷气压对合成气流场的影响

（1）设置条件　异形筘筘槽宽度为 12mm，距主喷嘴 20mm，第一辅喷嘴距主喷嘴 40mm，第二辅喷嘴距第一辅喷嘴 65mm，辅喷嘴输入气压为 0.45MPa，辅喷射气流入射角为 10°。

（2）轴线速度云图和分布图　从图 4-26 所示的不同主喷输入气压时合成气流场速度云图上看，当主喷输入气压为 0.2MPa 时，合成气流场的平均速度为 165m/s；当主喷输入气压为 0.3MPa 时，合成气流场的平均速度为 194m/s；当主喷输入气压为 0.4MPa 时，合成气流场的平均速度为 219m/s；当主喷输入气压为 0.5MPa 时，合成气流场的平均速度为 234m/s；当主喷输入气压为 0.6MPa 时，合成气流场的平均速度为 246m/s。不管主喷输入气压是多少，速度核心区的长度都是 20mm 左右。所以，主喷输入气压的增加可以提高合成气流场的平均轴线气流速度，但不能延长速度核心区的长度（20mm 左右），它对筘槽入口处（$x = 20mm$）的速度产生极大影响，随着距离的增加影响力减弱。

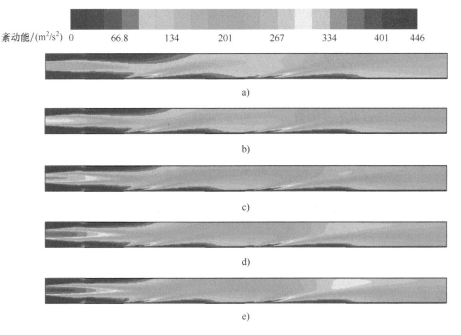

图 4-26　不同主喷输入气压时合成气流场速度云图

a）0.2MPa　b）0.3MPa　c）0.4MPa　d）0.5MPa　e）0.6MPa

不同主喷输入气压时合成气流场轴线速度的分布如图 4-27 所示，筘槽中合成气流场的轴线速度整体呈锯齿波形，合成气流场的轴线气流在出口处速度最大，轴线平均速度随主喷输入气压的增加而增加。根据数值计算结果，得出几个重要速度点，见表 4-1。

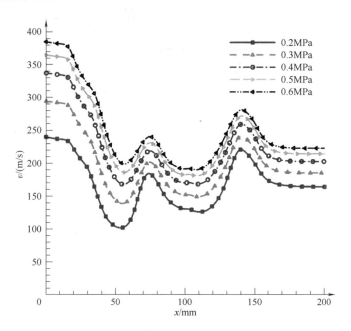

图 4-27　不同主喷输入气压时合成气流场轴线速度的分布

表 4-1　不同主喷输入气压时合成气流场轴线速度值

主喷输入气压/MPa	0.2	0.3	0.4	0.5	0.6
出口处速度/(m/s)	239	294	337	364	384
第一个谷值处速度/(m/s)	102	139	168	186	199
第一个峰值处速度/(m/s)	184	202	219	231	240
第二个谷值处速度/(m/s)	126	149	168	181	190
第二个峰值处速度/(m/s)	221	241	259	272	281
平均速度/(m/s)	165	194	219	234	246

比较输入气压从 0.2MPa 至 0.6MPa，当主喷供气气压达到某一数值后，气流速度随供气压力的增加而缓慢增加，轴线出口处速度值与输入气压呈正比例关系。不同主喷输入气压时合成气流场轴线速度的无量纲分布如图 4-28 所示。

定义速度波动率 $b=($ 第二个峰值 $-$ 第一个谷值$)/$平均值 $\times 100\%$，计算结果见表 4-2。

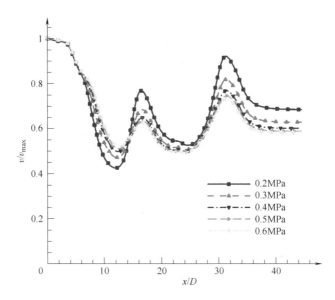

图 4-28　不同主喷输入气压时合成气流场轴线速度的无量纲分布

表 4-2　不同主喷输入气压时合成气流场轴线速度的波动率

主喷输入气压/MPa	0.2	0.3	0.4	0.5	0.6
b（%）	72	52	42	37	33

从图 4-28 和表 4-2 可以看出，在 $x/D < 50$ 时，主喷输入气压为 0.2MPa 时，速度波动率为 72%；主喷输入气压为 0.6MPa 时，速度波动率为 33%。主喷输入气压越大，合成气流场的轴线速度波动相对越小，说明主喷输入气压对合成气流场的前半段影响较大。

（3）不同截面速度的分布图　不同主喷输入气压时横截面速度的分布如图 4-29 所示。

定义横截面速度下降为最大速度的 80% 时所对应的 y 值称为核心区宽度 $z_{0.8}$。

图 4-29a（$x = 20\text{mm}$）所示，这是在异形筘槽入口的地方截取的横截面速度，在筘壁附近的横截面速度分量出现负值，这是由于高速气流冲击壁面形成漩涡，造成横截面速度反向，没有进入筘槽内形成的。此外，截面速度分布图的趋势与单个主喷射气流喷射一致，有明显的核心速度区。当输入气压为 0.6MPa 时，核心速度为 359m/s，核心区宽度约为 4mm；当输入气压为 0.5MPa 时，核心速度为 340m/s，核心区宽度为 3.2mm；当输入气压为 0.4MPa 时，核

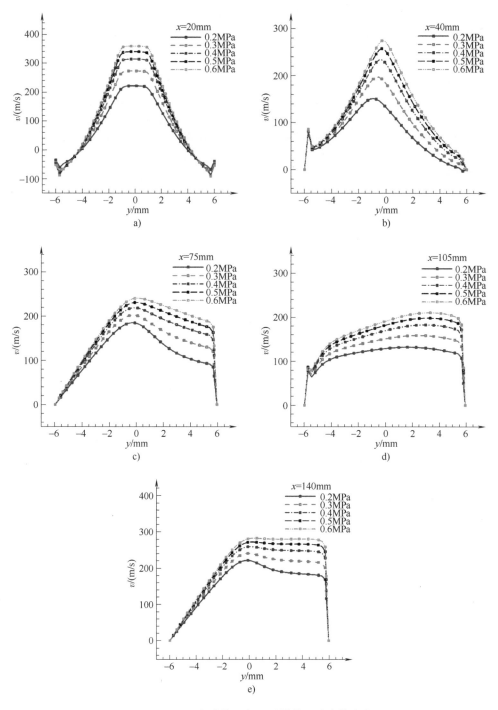

图 4-29 不同主喷输入气压时横截面速度的分布

心速度为314m/s，核心区宽度为3mm；当输入气压为0.3MPa时，核心速度为274m/s，核心区宽度为2.2mm；当输入气压为0.2MPa时，核心速度为220m/s，核心区宽度为2mm。相比无筘槽的单喷射气流，有筘槽时相应的核心速度值有所下降。

图4-29b（$x=40$mm）所示，辅喷射气流开始以斜向上10°射入气流场，当输入气压为0.2MPa时，核心速度为132m/s；当输入气压为0.3MPa时，核心速度为182m/s；当输入气压为0.4MPa时，核心速度为224m/s；当输入气压为0.5MPa时，核心速度为251m/s；当输入气压为0.6MPa时，核心速度为270m/s。此时核心速度值在下降，速度宽度在变窄，基本没有形成核心速度区域。

图4-29c（$x=75$mm）所示，辅喷喷射的气流开始起作用，当输入气压为0.2MPa时，核心速度为183m/s；当输入气压为0.3MPa时，核心速度为202m/s；当输入气压为0.4MPa时，核心速度为219m/s；当输入气压为0.5MPa时，核心速度为231m/s；当输入气压为0.6MPa时，核心速度为240m/s。对于不同的主喷输入气流，横截面核心速度得到提升，特别对于筘槽上半部分平均气流速度有一个提升，使整个筘槽上半部分的气流相对稳定。

图4-29d（$x=105$mm）所示，合成气流场气流速度变化缓慢，平均速度上升不多，但平均速度宽度增加，$z_{0.8}$接近10mm。图4-29e（$x=140$mm）所示，在第二辅喷射气流的作用下，筘槽上半部分气流速度提升，$z_{0.8}$约为7.5mm，但对筘槽下半部分的气流影响已非常小了。不同主喷输入气压时横截面的速度和宽度值见表4-3。

表4-3　不同主喷输入气压时横截面的速度和宽度值

$x/$mm	项　　目	0.2MPa	0.3MPa	0.4MPa	0.5MPa	0.6MPa
20	最大速度/（m/s）	222	274	314	340	359
	宽度$z_{0.8}$/mm	3	3	3	4	4
40	最大速度/（m/s）	132	182	224	251	270
	宽度$z_{0.8}$/mm	2.8	2.8	2.8	3.2	3.2
75	最大速度/（m/s）	183	202	219	231	240
	宽度$z_{0.8}$/mm	4	4	5.2	5.8	6
105	最大速度/（m/s）	129	151	170	182	191
	宽度$z_{0.8}$/mm	9	10	9.5	9.5	9
140	最大速度/（m/s）	221	241	259	272	281
	宽度$z_{0.8}$/mm	7.5	7	7.5	7.5	7.5

由以上分析可得，主喷输入气压越高，合成气流场横截面的最大速度分量越大，但核心区宽度变化不大。最大速度分量沿轴线距离衰减，射流轴线上方的速度变化率小于射流轴线下方，纱线靠着筘槽上内壁飞行更快速、更稳定些。

（4）紊动能云图　不同主喷输入气压时合成气流场的紊动能云图如图4-30所示。

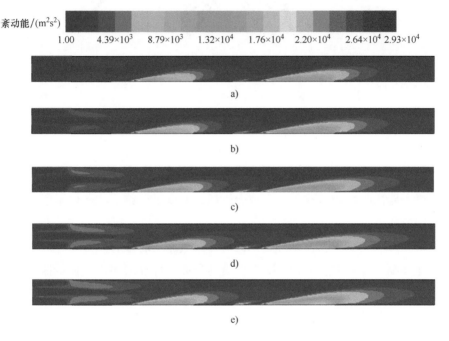

图4-30　不同主喷输入气压时合成气流场的紊动能云图

a) 0.2MPa　b) 0.3MPa　c) 0.4MPa　d) 0.5MPa　e) 0.6MPa

主喷输入气压的增加，对自由射流区域的紊动能改变不大，但对靠近异形筘槽壁面附近的紊动能则影响较大。输入压力越高，在壁面附近的紊动能越大。不同主喷输入气压时合成气流场的湍流强度分布如图4-31所示，在$x/D=9\sim11$、$x/D=19\sim20$、$x/D=35$时出现湍流强度的峰值。湍流强度随着输入气压的增加而增加，与轴线距离成正比，距离越远湍流强度越大，气流掺混现象越严重。

由上面计算结果可知，筘槽中合成气流场速度整体呈锯齿波形，主喷气压的增加不能延长核心区的长度，但可以提高轴线核心速度，提高合成气流场的平均轴线气流速度，增加合成气流场的平均紊动能。主喷气压对合成气流场的

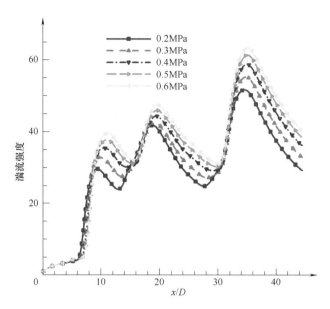

图 4-31　不同主喷输入气压时合成气流场的湍流强度分布

影响随着距离的增加而减弱。为减少气耗，在满足引纬工艺条件下应采取较小的主喷气压。

2. 主喷嘴与第一片异形筘齿间距对合成气流场的影响

主喷嘴的安装位置主要取决于主喷嘴与第一片异形筘齿之间的距离，如果位置不合适就会使它射出的气流扩散加剧，影响纬纱进入梭口，造成气耗。

（1）设置条件　设置主喷嘴输入气压为 0.4MPa，第一辅喷嘴距主喷嘴 40mm，第二辅喷嘴距第一辅喷嘴 65mm，辅喷嘴输入气压为 0.45MPa，辅喷射气流入射角为 10°，改变主喷嘴与第一片异形筘齿之间的距离。

（2）紊动能　不同主喷嘴位置时合成气流场的紊动能云图如图 4-32 所示。

对比喷嘴自由射流，异形筘槽的增加对高速引纬气流的扩散有限制作用，但主喷嘴的射流核心区长度还是在 20mm 左右。如图 4-32 所示，在异形筘第一片筘齿距主喷嘴 20mm 左右时，在壁面附近产生较大的涡流，紊动能分布开始发生变化，达到 7710m²/s²；在异形筘第一片筘齿距主喷嘴 30mm、40mm 时，壁面附近紊动能为 8890m²/s²，与周围气体掺混更严重，能量消耗大。

也就是说，如果异形筘第一片筘齿置于主喷嘴的射流核心区域内，不会改变主喷嘴射流的紊动能，也不会影响合成气流场的紊动能分布。但若置于主喷嘴的射流核心区以外，就会在第一片筘齿的周围产生相对较强的紊动能，能量扩散造成气耗。

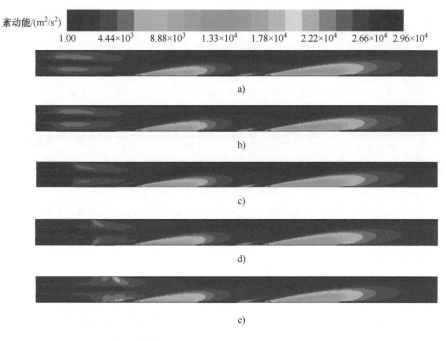

图 4-32 不同主喷嘴位置时合成气流场的紊动能云图

a) 0mm　b) 10mm　c) 20mm　d) 30mm　e) 40mm

（3）轴线和截面速度分布　不同主喷嘴位置时合成气流场轴线速度的分布如图4-33 所示。

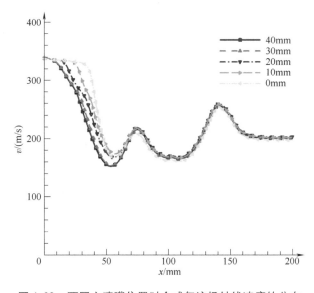

图 4-33　不同主喷嘴位置时合成气流场轴线速度的分布

若主喷嘴与异形筘第一片筘齿的距离不同，则轴线速度的核心区长度 $L_{0.95}$ 也不同（见表4-4）。

表4-4 不同主喷嘴位置时合成气流场轴线速度的核心区长度

x/mm	0	10	20	30	40
$L_{0.95}$/mm	34	26	18	13	13

结合图表，可以发现当主喷嘴与异形筘第一片筘齿距离为 0～10mm 时，轴线速度的核心区长度相对变长，轴线平均速度提高；当主喷嘴与异形筘第一片筘齿距离大于 30mm 时，轴线速度核心区长度与自由射流相似。

不同主喷嘴位置时合成气流场轴线速度的无量纲分布如图 4-34 所示。从图上可清晰地看出由于异形筘槽的加入，合成气流场轴线速度的核心区长度增加，轴线速度下降缓慢。

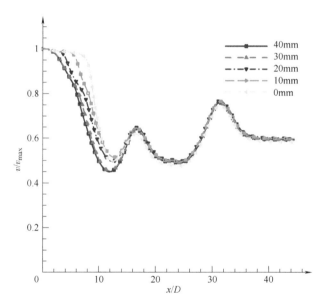

图 4-34 不同主喷嘴位置时合成气流场轴线速度的无量纲分布

不同主喷嘴位置会改变合成气流场横截面的速度分布（见图 4-35）。在轴线距离为 0～10mm 时，不管主喷嘴与第一片异形筘之间的距离是多少，其横截面的速度分量变化与自由射流一致，也就是说在距离较小的范围，是否有异形筘的存在对射流没有太大的影响。在轴线距离大于 10mm 时，射流受到异形筘槽壁面的影响，横截面速度分量的分布发生细微的变化，横截面射流核心区的宽度随主喷嘴与第一片异形筘距离的增加而减少，核心区外速度随着距离的增加而迅速衰减。这种气流速度的不稳定会对纱线的飞行飘动的强度产生干扰。

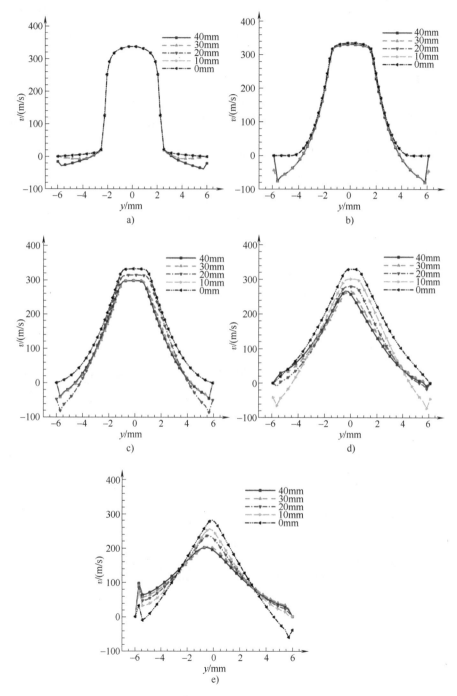

图4-35　不同主喷嘴位置时合成气流场横截面的速度分布

a）$x=0$mm　b）$x=10$mm　c）$x=20$mm　d）$x=30$mm　e）$x=40$mm

根据数值计算结果和分析，主喷嘴位置的选择标准是使主喷嘴射流尽量多地射入异形筘槽，考虑到喷气引纬系统在筘槽入口处还要放置些剪刀等其他机械器件，结合紊动能分布图和轴线、截面速度分布图，可得出此款喷嘴的最优放置位置为距离第一片异形筘 20mm 左右。根据数值计算的数据，可得到近似经验公式

$$d_s = 0.4s + d_0 \qquad (4\text{-}28)$$

式中，s 为被测点距喷嘴出口处距离（mm）；d_0 为喷嘴出口处直径（mm）；d_s 为距喷嘴出口 s 截面处射流锥的直径（mm）。

如果希望 d_s 与筘槽宽度相近为 12mm，代入公式计算得 $s = 20$mm。近似经验公式计算的结果与数值计算推导的结果相近。

3. 不同主、辅喷嘴间距对合成气流场的影响

（1）设置条件　设置主喷嘴输入气压为 0.4MPa，辅喷嘴输入气压为 0.45MPa，辅喷射气流入射角为 10°，第二辅喷嘴距主喷嘴距离为 105mm，改变第一辅喷嘴与主喷嘴之间的距离。

（2）轴线速度云图和分布图　不同主、辅喷嘴间距时合成气流场速度云图如图 4-36 所示。

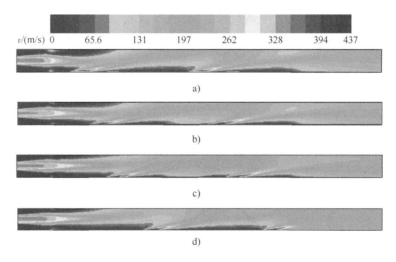

图 4-36　不同主、辅喷嘴间距时合成气流场速度云图

a）30mm　b）40mm　c）50mm　d）70mm

由图 4-36 可知，第一辅喷嘴与主喷嘴间距如果大于 50mm，主喷射气流速度下降很快，合成气流场的气流却没有及时补充，造成轴线速度的波动剧烈。

辅喷嘴会造成合成气流场流速的增加，但并不是从辅喷嘴放置的位置开始，

而是在距辅喷嘴约 $4D \sim 5D$ 位置开始增加并迅速达到最大值（见图 4-37）。

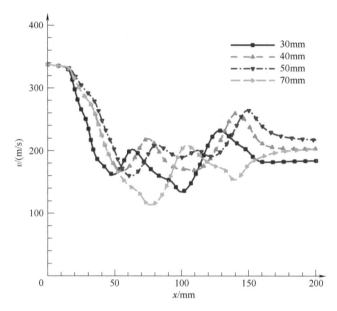

图 4-37　不同主、辅喷嘴间距时合成气流场轴线速度的分布

速度波动率定义为 b_1 = (第一个峰值速度 – 第一个谷值速度)/平均速度 × 100%（见表 4-5）。

表 4-5　不同主、辅喷嘴间距时合成气流场轴线速度值

辅喷嘴与主喷嘴间距/mm	30	40	50	70
第一个峰值速度/(m/s)	201	219	209	208
第一个谷值速度/(m/s)	161	168	159	114
平均速度/(m/s)	199	218	226	195
b_1（%）	20	23	22	48

从图表上可更清晰地看出，当主、辅喷嘴距离较近（如等于 30mm）时，第一个峰值速度为 201m/s，为最小，此时主喷射气流速度还很高，辅喷射气流的补充并没有产生很好的速度提升作用，反而因为两股高速射流的碰撞而造成能量的消耗。当主、辅喷嘴距离较远（如大于等于 70mm）时，合成气流场波谷速度最小，降为 114m/s，波动率变化最大，达 48%。

不同主、辅喷嘴间距时合成气流场轴线速度的无量纲分布如图 4-38 所示。当第一辅喷嘴与主喷嘴距离为 $7.5D$ 时，主喷射气流速度约为核心速度的 55% 左右，由于此时主喷射气流速度还较大，两股高速射流碰撞造成能量的消耗，

对轴线速度的提高作用不大，同时又由于第二辅喷嘴的位置固定（约为26D的位置），因此距主喷嘴30D左右合成气流场气流才出现第二次速度波峰，显然这样的轴线速度波动很大，气流场不稳定。当第一辅喷嘴与主喷嘴距离为18D的位置时，此时主喷射气流速度已降为核心速度的30%左右，第一辅喷嘴补充的气流速度远高于此时的气流速度，造成合成气流场速度的急剧上升，但第二辅喷射气流的补充由于合成气流场平均速度的下降而无法形成二次峰值。当第一辅喷嘴与主喷嘴距离为10D或12D时，轴线平均速度较高，且流场速度波动也相对不大。因此，在主、辅喷嘴压力设定的情况下，要使合成气流场的速度高且波动小，第一辅喷嘴与主喷嘴的位置需在40~50mm，同时适时调整第二辅喷嘴与第一辅喷嘴之间的距离。

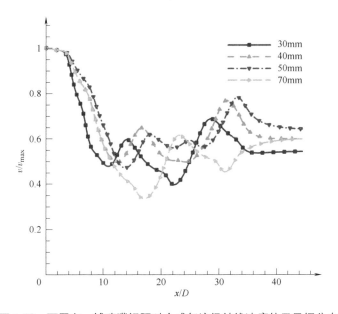

图4-38　不同主、辅喷嘴间距时合成气流场轴线速度的无量纲分布

（3）紊动能分布　不同主、辅喷嘴间距时合成气流场的紊动能云图如图4-39所示。

第一辅喷嘴与主喷嘴的距离影响合成气流场的紊动能分布，距离过大或过小都会造成紊动能的增加。

不同主、辅喷嘴间距不影响合成气流场入口处的核心速度，但会影响轴线速度的波动率及紊动能的大小。其距离不宜过大或过小，应根据主、辅喷嘴出口速度的大小选择合适的距离。

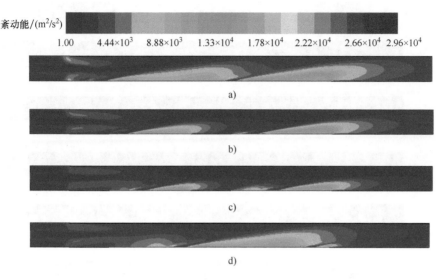

紊动能/(m²/s²)

1.00   4.44×10³   8.88×10³   1.33×10⁴   1.78×10⁴   2.22×10⁴   2.66×10⁴ 2.96×10⁴

a)

b)

c)

d)

图 4-39   不同主、辅喷嘴间距时合成气流场的紊动能云图

a) 30mm b) 40mm c) 50mm d) 70mm

4. 辅喷嘴入射角对合成气流场的影响

在采用接力引纬的喷气织机上，主喷嘴和辅喷嘴射流轴线之间呈一定夹角，而这个夹角的大小是筘槽内气流交汇的主要制约因素。为使两股射流碰撞后的能量损失小而利用率高，更有利于引纬，需要合理设置主喷嘴和辅喷嘴之间的夹角。

（1）设置条件   设置主喷嘴输入气压为 0.4MPa，辅喷嘴输入气压为 0.45MPa，第一辅喷嘴与主喷嘴之间的距离为 40mm，第二辅喷嘴距主喷嘴之间的距离为 105mm，改变辅喷射气流入射角，即两股射流的夹角。

（2）紊动能   不同辅喷嘴入射角时合成气流场的紊动能云图如图 4-40 所示。

从图 4-40 可知，紊动能的大小随辅喷嘴的入射角的增加而增加，辅喷嘴入射角越大，筘槽内紊动能也越大，这样会增加纱线飞行的波动强度。

（3）轴线速度分布   不同辅喷嘴入射角时合成气流场轴线速度云图。

从图 4-41 可知，辅喷嘴入射角不同对合成气流场的平均轴线气流速度有一定的影响。由于入射角小的两股射流碰撞后的变化率小，离散系数小，平均轴线速度就会大。因此，入射角越小平均轴线速度越大，不同辅喷嘴入射角时合成气流场轴线速度的分布如图 4-42 所示。

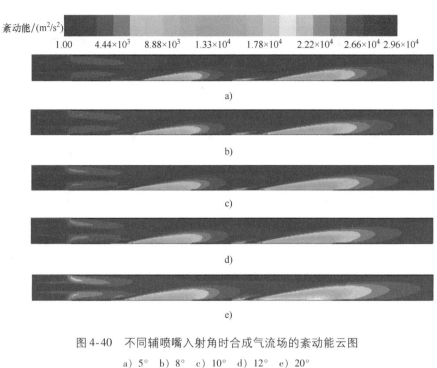

紊动能/(m²/s²)

1.00   4.44×10³   8.88×10³   1.33×10⁴   1.78×10⁴   2.22×10⁴   2.66×10⁴ 2.96×10⁴

a)

b)

c)

d)

e)

图 4-40　不同辅喷嘴入射角时合成气流场的紊动能云图

a) 5°　b) 8°　c) 10°　d) 12°　e) 20°

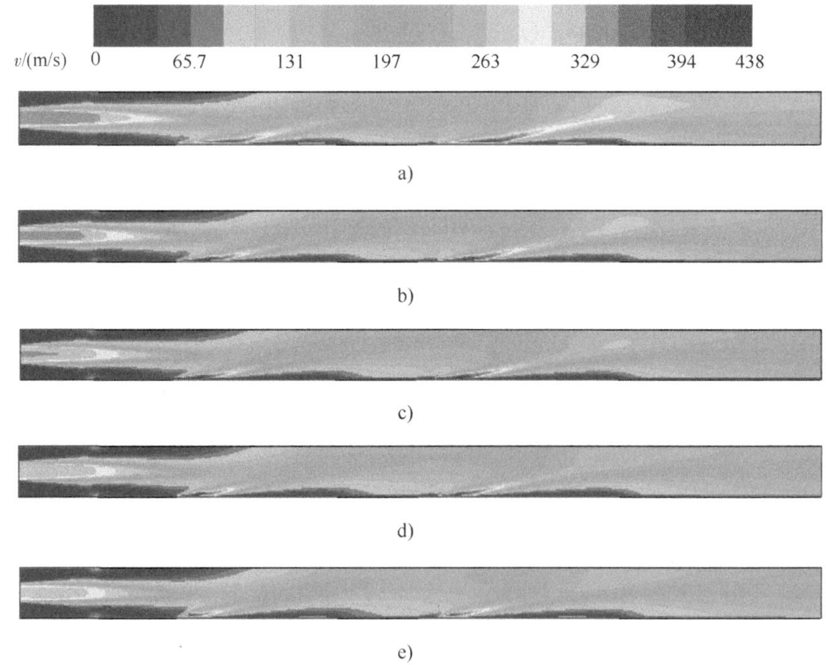

v/(m/s)　0　　65.7　　131　　197　　263　　329　　394　　438

a)

b)

c)

d)

e)

图 4-41　不同辅喷嘴入射角时合成气流场轴线速度云图

a) 5°　b) 8°　c) 10°　d) 12°　e) 20°

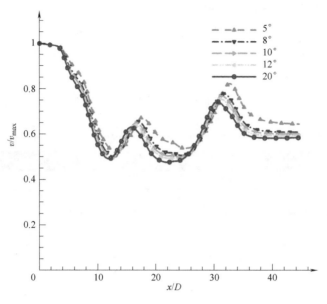

图 4-42　不同辅喷嘴入射角时合成气流场轴线速度的分布

　　根据仿真计算结果，当入射角为 5°时，合成气流场平均速度为 230m/s，波动率为 22%；当入射角为 8°时，合成气流场平均速度为 221m/s，波动率为 23%；当入射角为 20°时，合成气流场平均速度为 213m/s，波动率为 22%。不同辅喷嘴入射角时合成气流场速度值见表 4-6。

表 4-6　不同辅喷嘴入射角时合成气流场速度值

辅喷嘴入射角度/(°)	5	8	10	12	20
第一个谷值速度/(m/s)	175	170	168	167	166
第一个峰值速度/(m/s)	227	221	219	216	213
平均速度/(m/s)	230	221	218	216	213
波动率（%）	22	23	23	23	22

　　当主、辅喷嘴夹角较小时，紊动能小，合成气流场平均速度大。当主、辅喷嘴夹角较大时，紊动能也较大，平均速度较小，且气流极易将纱线吹向异形筘槽底部而增加纱线的飞行阻力，因此射流的夹角的选择不宜过大。根据目前的计算条件，夹角为 5°时有利于提高合成气流场的平均速度，并减小波动率。

　　主、辅喷嘴夹角的大小主要影响合成气流场的紊动能大小、轴线气流速度的大小和波动率。入射角越小，紊动能也越小，轴线气流速度越大，且波动率越小，越有利于纱线的飞行。

5. 辅喷嘴间距对合成气流场的影响

（1）设置条件　设置主喷嘴输入气压为 0.4MPa，辅喷嘴输入气压为 0.45MPa，辅喷射气流入射角为 10°，第一辅喷嘴距主喷嘴距离为 40mm，改变第一辅喷嘴与第二辅喷嘴之间的距离。

（2）轴线速度分布　不同辅喷嘴间距时合成气流场轴线速度云图如图 4-43 所示。

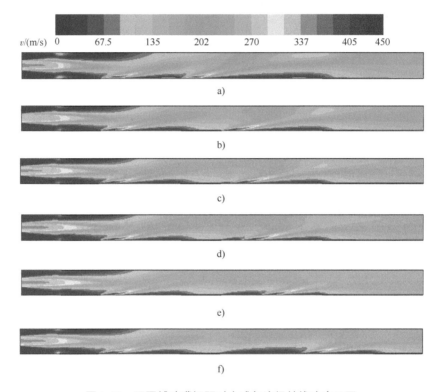

图 4-43　不同辅喷嘴间距时合成气流场轴线速度云图

a）40mm　b）60mm　c）65mm　d）70mm　e）80mm　f）100mm

从图 4-43 可知，辅喷嘴间距如果大于 80mm，合成气流场轴线速度下降很快，造成轴线速度的波动剧烈。

不同辅喷嘴间距时合成气流场轴线速度的分布如图 4-44 所示。在辅喷嘴输入气压为 0.45MPa，主喷嘴输入气压为 0.4MPa 的工况下，辅喷嘴间距在 60 ~ 80mm，间距的增加会降低合成气流场波峰速度和波谷速度，减少合成气流场轴线平均速度。但过大的辅喷嘴间距会使合成气流场气流产生不了第二次波峰，导致轴线平均速度急剧下降，如辅喷嘴间距为 100mm 时。而过小的辅喷嘴间距，会导致合成气流场气流速度的波动量增加。不同辅喷嘴间距时合成气流场速度值见表4-7。

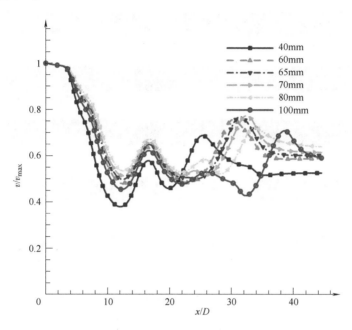

图4-44　不同辅喷嘴间距时合成气流场轴线速度的分布

表4-7　不同辅喷嘴间距时合成气流场速度值

两辅喷嘴间距/mm	40	60	65	70	80	100
谷值速度/(m/s)	128	162	168	173	176	163
峰值速度/(m/s)	232	255	259	261	243	228
平均速度/(m/s)	196	215	218	221	223	212
波动率（%）	53	44	42	40	30	30

由表 4-7 可以清楚地发现，当辅喷嘴间距等于 40mm 时，平均速度为196m/s，波动率为53%，相对速度最小，波动最大；当辅喷嘴间距等于80mm时，平均速度为223m/s，波动率为30%，相对速度最大，波动最小；当辅喷嘴间距等于100mm 时，平均速度为212m/s，波动率为30%，相对速度下降。

因此，在引纬过程中，辅喷嘴间距并不是越小越好，也不是可以设置到无限大，需要根据喷嘴输入的气流压力和纱线的参数，适当调节辅喷嘴的间距。

（3）紊动能云图　不同辅喷嘴间距时合成气流场的紊动能云图如图4-45所示。

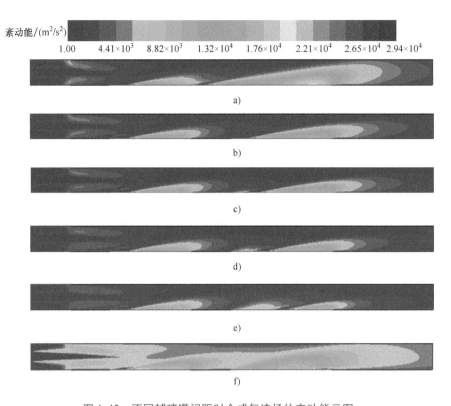

图 4-45　不同辅喷嘴间距时合成气流场的紊动能云图

a) 40mm　b) 60mm　c) 65mm　d) 70mm　e) 80mm　f) 100mm

由图 4-45 可知，间距为 40mm 和 100mm 时合成气流场的平均紊动能最大。

对于一定的辅喷嘴输入气压，辅喷嘴间距大小的设置通过仿真计算可得，如根据本次主、辅喷嘴输入的气压，最佳的辅喷嘴间距为 60~80mm，过大或过小的间距都会造成合成气流场的速度波动率增加、紊动能增加和气耗增加。

对于实际工况，一般布置辅喷嘴时，在靠近主喷嘴的前、中段少放置些，而使后段辅喷嘴间距减少些，多放置辅喷嘴，这样有助于保持纱线出口侧的气流速度增加，减少纬缩疵点。

6. 异形筘间隙对合成气流场的影响

当异形筘间隙改变时，会对气流场产生一定的影响。本文主要对异形筘间隙分别为 0.25mm、0.5mm 和 1mm 这三种情况进行数值模拟。图 4-46 所示为异形筘的不同截面示意图。分别做四个截面，从影响区域距离 $h_1 = 72$mm 开始，每间隔 20mm 取一个截面，分别提取每个截面上对应的主喷嘴径向线速度。

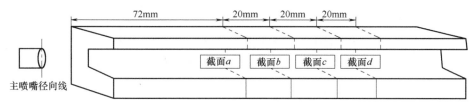

图 4-46 异形筘的不同截面示意图

为了更好地分析不同异形筘间隙对气流场的影响，定义一个速度标准差，见式 (4-29)。

$$\sigma = \sqrt{\frac{1}{n}\sum_{i=1}^{n}(v_i - \bar{v})^2} \tag{4-29}$$

通过式 (4-29) 计算得到不同异形筘间隙下每个截面上对应的主喷嘴径向线速度标准差，见表 4-8。比较结果表明，随着间隙的增加，相同截面上的径向线速度标准差增大。

因此，从气流的稳定性方面考虑，异形筘间隙为 0.25mm 比较合适。

表 4-8　每个截面上对应的主喷嘴径向线速度标准差

异形筘间隙/mm	$h_1 = 72mm$	$h_1 = 92mm$	$h_1 = 112mm$	$h_1 = 132mm$
0.25	26.87	25.07	21.88	22.77
0.5	27.72	27.89	26.62	22.82
1	30.86	28.87	26.64	28.97

为了获得不同异形筘间隙下的质量流率，其公式见式 (4-30)

$$\phi = \int \rho \boldsymbol{v} \cdot d\boldsymbol{A} = \sum_{i=1}^{n} \rho_i \boldsymbol{v}_i \cdot \boldsymbol{A}_i \tag{4-30}$$

由异形筘气流场特性研究[11]看出截面 c 的质量流率远大于截面 a 和截面 b 的质量流率。通过式 (4-30) 计算得到不同异形筘间隙下截面 c 的质量流率，见表 4-9。异形筘间隙越大，截面 c 的截面积越大，相对应的质量流率也就越大。但并不是按照截面积成比例增加，而是成倍增加。不同异形筘间隙向外扩散的质量流率为喷气织机合理选择间隙、减少耗气量以及提高整体性能提供了理论依据。

表 4-9　不同异形筘间隙下截面 c 的质量流率

异形筘间隙/mm	0.25	0.5	1
异形筘间隙个数	21	21	19
截面 c 的截面积/m^2	1.84×10^{-5}	3.68×10^{-5}	6.65×10^{-5}
$\phi_{截面c}/(kg/s)$	1.58×10^{-5}	7.15×10^{-5}	1.58×10^{-4}

7. 异形筘齿 θ 角对合成气流场的影响

异形筘齿 θ 角（θ 为截面 b 与水平面的夹角）的改变，同样会对流场产生一定的影响。本文主要对异形筘齿 θ 角分别为 0°、6° 和 12° 这三种情况进行数值模拟。图 4-47 所示为不同异形筘齿 θ 角下轴线湍流强度的分布。由于主喷嘴核心区的影响，一开始湍流强度瞬间增大，随着扩散的增加，湍流强度开始下降。其中放大图横坐标原点为 0.072m。比较放大图可以看出，当 θ =6° 时，其湍流强度最小。

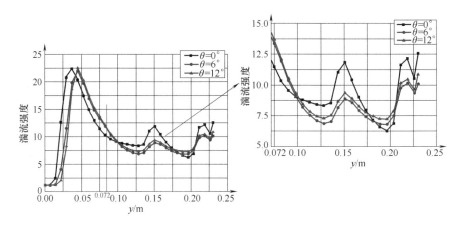

图 4-47　不同异形筘齿 θ 角下轴线湍流强度的分布

因此从气流稳定性方面考虑，θ =6° 比较合适。

通过质量流率公式计算得到不同异形筘齿 θ 角下截面 c 的质量流率见表 4-10。随着异形筘齿 θ 角的减小，向外扩散的质量流率也越小，更有利于减少耗气量。不同异形筘齿 θ 角向外的质量流率为喷气织机合理选择 θ 角、减少耗气量以及提高整体性能提供了理论依据。

表 4-10　不同异形筘齿 θ 角下截面 c 的质量流率

$\theta/(°)$	0	6	12
异形筘间隙个数	21	21	21
截面 c 的截面积/m²	1.84×10^{-5}	1.84×10^{-5}	1.84×10^{-5}
$\phi_{\text{截面}c}/(\text{kg/s})$	7.15×10^{-5}	8.36×10^{-5}	8.71×10^{-5}

4.3.3　影响合成气流场耗气量的因素

根据仿真分析、合成气流场中气流间的摩擦力和气流中形成的涡流造成的耗气量主要由以下六个因素的影响：

1. 主喷嘴的压力

主喷嘴气压的增加可以提高主喷嘴射流核心速度，从而提高合成气流场的平均轴线气流速度。但当主喷嘴压力增加 0.01MPa 时，气耗就增加 0.12m³/h。在引纬过程中，主喷嘴压力过大会增加气耗，造成纬纱的急速退捻而被吹断，形成断纬。压力过小会造成气流速度减小、纱线速度减慢。因此在满足引纬工艺条件下应采取较小的主喷嘴压力。

2. 主喷嘴与第一片异形筘齿之间的距离

结合紊动能分布图和轴线、截面速度分布图，此款喷嘴与第一片异形筘齿之间的距离应设置为 20mm 左右，这样能使主喷射气流尽量多地射入异形筘槽，从而减少气流扩散、降低气耗。

3. 第一辅喷嘴与主喷嘴的距离

第一辅喷嘴与主喷嘴的距离不影响合成气流场入口处的核心速度，但影响轴线速度的波动率及紊动能的大小。第一辅喷嘴与主喷嘴的距离如果大于50mm，主喷射气流速度下降很快，轴线速度的波动剧烈。同时距离过大或过小都会造成紊动能和气耗的增加。因此，在主、辅喷嘴压力设定的情况下，第一辅喷嘴与主喷嘴的位置应设置在 40～50mm 为最佳。

4. 辅喷嘴入射角

辅喷嘴入射角的大小主要影响合成气流场的紊动能、轴线气流速度和波动率，入射角越小，紊动能也越小，轴线气流速度大且波动率小。因此，从降低气耗的角度出发，辅喷嘴入射角也就是主、辅喷嘴射流夹角可选择小角度，实际工况中可根据纱线在气流中飞行的速度和状态选择稍大的夹角。

5. 辅喷嘴间距

对于一定的辅喷嘴输入气压，如本次仿真辅喷嘴设定的输入气压为0.45MPa，则最佳辅喷嘴间距为 60～80mm，过大或过小的间距都会造成合成气流场的速度波动率、紊动能和气耗的增加。

6. 异形筘间隙和筘齿 θ 角

主要对异形筘间隙分别为 0.25mm、0.5mm 和 1mm 以及异形筘齿 θ 角分别为 0°、6°和 12°这六种情况进行数值模拟。从气流稳定性方面考虑，异形筘间隙为 0.25mm 比较合适，异形筘齿 θ 角为 6°比较合适。

4.4 延伸喷嘴气流场特性

4.4.1 距离 L 对延伸喷嘴导纱孔内气流场速度的影响

不同 L 下延伸喷嘴导纱孔内气流场云图如图 4-48 所示，其中 L 为最后一个辅喷嘴射流出口与延伸喷嘴纱线进口的水平距离。当 $L = 20\text{mm}$ 时，因距离太近，引纬系统末端最后一个辅喷嘴产生的射流并不能进入延伸喷嘴导纱孔内，射流打在延伸喷嘴外壁上，延伸喷嘴导纱孔内的气流速度较低；当 $L = 60\text{mm}$ 时，引纬系统末端最后一个辅喷嘴喷射的气流到达异形筘槽的位置正好是延伸喷嘴导纱孔纱线进口的位置，因此延伸喷嘴导纱孔内的气流速度较大，更有利于延伸喷嘴对纬纱的牵引；当 $L = 100\text{mm}$ 时，引纬系统末端最后一个辅喷嘴产生的射流在抵达异形筘槽后，又在异形筘槽内运动一段距离，再进入延伸喷嘴导纱孔内时射流速度已衰减，不利于延伸喷嘴对纬纱的拉伸牵引。

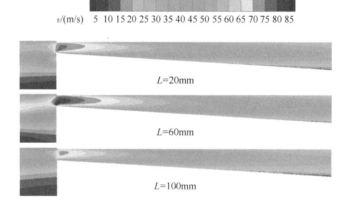

图 4-48　不同 L 下延伸喷嘴导纱孔内气流场云图

不同 L 下导纱孔轴线速度的衰减图如图 4-49 所示，不同 L 下导纱孔轴线上的最大速度和平均速度见表 4-11。当 $L = 20\text{mm}$ 时，导纱孔轴线上的最大速度为 68m/s，平均速度为 47.2m/s；当 $L = 60\text{mm}$ 时，导纱孔轴线上的最大速度为 81m/s，平均速度为 54.7m/s；当 $L = 100\text{m/s}$ 时，导纱孔轴线上的最大速度为 60m/s，平均速度为 40.3m/s。当 $L = 60\text{mm}$ 时，导纱孔轴线上的整体速度较大，且由图 4-49 可知不同 L 下导纱孔轴线上的速度衰减趋势相同。因此当 $L = 60\text{mm}$ 时，更有利于完成对纬纱的拉伸牵引，防止纬纱反弹。

综上所述，最后一个辅喷嘴射流出口到延伸喷嘴导纱孔纱线进口的最佳水平距离为 $L = 60\text{mm}$ 左右，由此确定了延伸喷嘴在引纬系统中的最佳位置。

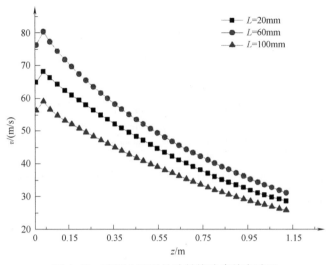

图 4-49 不同 L 下导纱孔轴线速度的衰减图

表 4-11 不同 L 下导纱孔轴线上的最大速度和平均速度

L/mm	20	60	100
最大速度/(m/s)	68	81	60
平均速度/(m/s)	47.2	54.7	40.3

4.4.2 距离 d 对导纱孔内气流场轴线速度的影响

d 为延伸喷嘴进气口与延伸喷嘴纱线进口的水平距离，不同 d 下延伸喷嘴导纱孔轴线气流速度的衰减图如图 4-50 所示。图中黑色线为在延伸喷嘴进气口无射流的情况下，延伸喷嘴导纱孔轴线气流速度的衰减情况；灰色线为延伸喷嘴进气口喷射射流的情况。进气口喷射角 β 均为 10°，d 分别为 20mm、30mm、50mm、75mm。表 4-12 示出不同 d 下延伸喷嘴导纱孔轴线上气流的最大速度和平均速度。当延伸喷嘴进气口无射流时，延伸喷嘴导纱孔轴线上气流的最大速度为 80m/s，平均速度为 46.4m/s。当 $d = 20$mm 时，导纱孔轴线上气流的最大速度为 115m/s，平均速度为 87.1m/s。与延伸喷嘴进气口无气流射入时相比，速度有较大提升，但在延伸喷嘴进气口射入射流的位置，气流速度在短距离内波动较大，导纱孔内流场不稳定；当 $d = 30$mm 时，导纱孔轴线上气流的最大速度为 109m/s，平均速度为 80.7m/s。导纱孔轴线气流速度逐渐减小，当速度降至 80m/s 时，延伸喷嘴的进气口射入射流，使延伸喷嘴导纱孔轴线上很长一段距离的速度维持在 80m/s 左右，且速度波动相对较小，流场较稳定。当 $d = 50$mm 时，导纱孔轴线上气流的最大速度为 99m/s，平均速度为 61.8m/s。尽管延伸喷嘴导纱孔轴线上的气流速度与延伸喷嘴进气口无气流射入时相比整体上升，牵引力有所增强，但与 $d=30\text{mm}$ 时相比，速度提升幅度较小，牵引效果相对较差。当 $d=75\text{mm}$，导纱孔轴线上气流的最大速度为 82m/s，平均速度为 45.2m/s。与延伸喷嘴进气口无气流射入时相比，导纱孔轴线上的气流速度并未提高，延伸喷嘴进气口射入射流并未提高延伸喷嘴的拉伸牵引能力。综上所述，当 $d=30\text{mm}$ 时，延伸喷嘴导纱孔轴线上的气流速度与延伸喷嘴进气口无气流射入时相比速度提升较大，且速度波动较小，气流场稳定，有利于纬纱的拉伸牵引。因此当延伸喷嘴进气口与延伸喷嘴纱线进口的水平距离 $d=30\text{mm}$ 左右时，可以有效提高延伸喷嘴对纬纱的拉伸牵引能力。

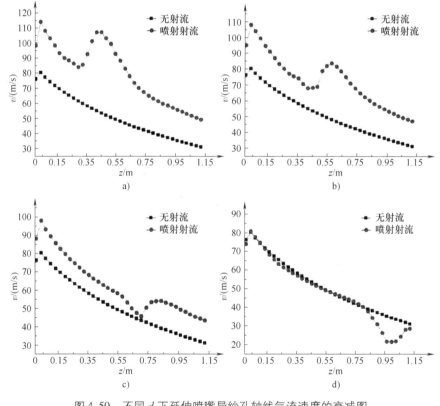

图 4-50　不同 d 下延伸喷嘴导纱孔轴线气流速度的衰减图

a）$d=20\text{mm}$　b）$d=30\text{mm}$　c）$d=50\text{mm}$　d）$d=75\text{mm}$

表 4-12　不同 d 下延伸喷嘴导纱孔轴线上气流的最大速度和平均速度

d/mm	原始	20	30	50	75
最大速度/（m/s）	80	115	109	99	82
平均速度/（m/s）	46.4	87.1	80.7	61.8	45.2

4.4.3　喷射角 β 对导纱孔内气流场稳定性的影响

β 为延伸喷嘴进气口喷射角度，β 取三种不同情况，$\beta = 10°$、$\beta = 30°$ 和 $\beta = 45°$。β 不同，由延伸喷嘴纱线进口进入导纱孔内的气流与延伸喷嘴进气口射流交汇时合成的气流场也不同。

气流速度的标准偏差是

$$\sigma = \sqrt{\frac{1}{n}\sum_{i=1}^{n}(v_i - \bar{v})^2} \qquad (4\text{-}31)$$

式中，$\bar{v}$ 是平均速度；v_i 是样本点速度。

气流速度径向分布的标准偏差与径向轴线速度有关，延伸喷嘴的径向切面位置如图 4-51 所示，r 为径向切面到延伸喷嘴进气口的水平距离，分别取 $r = 5\text{mm}$、$r = 25\text{mm}$、$r = 45\text{mm}$ 和 $r = 65\text{mm}$。图 4-52 所示为 $\beta = 10°$ 时四个不同位置径向切面的流场速度云图，由图可知，导纱孔内流场具有集聚性，导纱孔轴线是流场速度的中心。

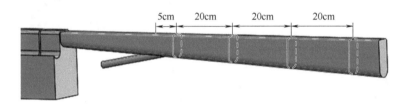

图 4-51　延伸喷嘴的径向切面位置

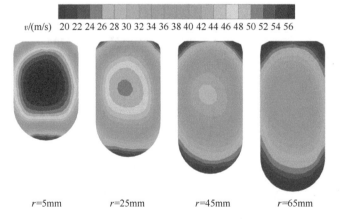

图 4-52　$\beta = 10°$ 时四个不同位置径向切面的流场速度云图

标准偏差可通过式（4-31）计算得出。图4-53所示为不同距离截面的径向轴线气流速度的分布，不同距离截面气流速度径向分布的标准偏差见表4-13。当 $r = 5\,\mathrm{mm}$ 时，$\beta = 10°$ 和 $\beta = 20°$ 的气流速度径向分布的标准偏差相对 $\beta = 45°$ 较小，气流场较稳定；当 $r = 25\,\mathrm{mm}$ 时，$\beta = 10°$ 和 $\beta = 45°$ 时的气流速度径向分布的标准偏差相对 $\beta = 30°$ 较小，气流场较稳定；当 $r = 45\,\mathrm{mm}$ 时，$\beta = 10°$ 时的气流速度径向分布的标准偏差相对较小，但与 $\beta = 20°$ 及 $\beta = 45°$ 差距不大；当 $r = 65\,\mathrm{mm}$ 时，$\beta = 10°$ 时的气流速度径向分布的标准偏差相对较小，气流场较稳定。无论哪个径向截面，$\beta = 10°$ 时，气流速度径向分布的标准偏差都是最小的。综上所述，当 $\beta = 10°$ 附近时，气流速度径向分布的标准偏差相对较小，气流场较稳定，且导纱孔内流场具有集聚性，导纱孔轴线是速度流场的中心，最有利于引纬系统末端纬纱的拉伸牵引，可以有效防止纬纱反弹，保证织物的质量。

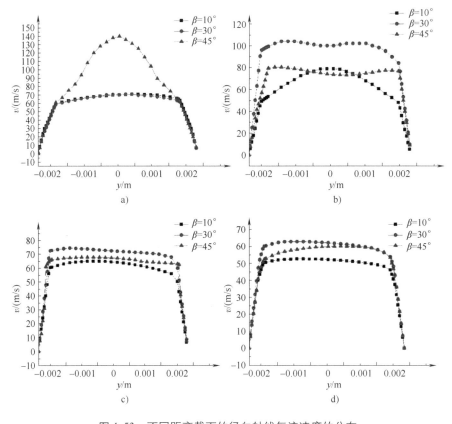

图4-53　不同距离截面的径向轴线气流速度的分布

a) $r = 5\,\mathrm{mm}$　b) $r = 25\,\mathrm{mm}$　c) $r = 45\,\mathrm{mm}$　d) $r = 65\,\mathrm{mm}$

表 4-13   不同距离截面气流速度径向分布的标准偏差 （单位：m/s）

r/mm	5	25	45	65
$\beta = 10°$时	22.9	24.9	23.3	17.9
$\beta = 30°$时	23	34.1	26.7	21.6
$\beta = 45°$时	42.6	25.5	25.1	20.4

4.5   气流-纤维耦合运动特性

图 4-54 所示为纱线在主喷嘴中运动模型的二维计算区域及纱线运动的初始位置。坐标系为笛卡尔直角坐标系，计算区域为 Y-Z 坐标平面。主喷嘴的轴线与 Y 轴平行，坐标的原点位于喷嘴芯的入口处。

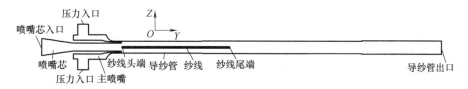

图 4-54   纱线在主喷嘴中运动模型的二维计算区域及纱线运动的初始位置

气流场模型中需要定义流场表面的边界条件，包括入口压力条件、壁面条件和流固耦合边界条件；结构场模型中需要定义纱线表面的流固耦合边界条件和纱线尾端的约束条件。在所有边界条件中，流固耦合边界条件最为重要，它是一个移动壁面，但比移动壁面条件要更为复杂，界面的位移是计算的解。界面上利用了拉格朗日公式，所以位移和流体速度是与界面上结构的解相关的，该条件就叫作流体模型的运动学条件（kinematic condition）。公式如下

$$\underline{d}_f = \underline{d}_s \tag{4-32}$$

式中，$\underline{d}_f$ 和 $\underline{d}_s$ 分别为流体和结构的位移，下划线表示这些值只定义在流固耦合界面上。

另一方面，流体的作用力必须施加在结构界面上，以保证界面上的力，这个条件叫作动力学条件（dynamic condition）。公式如下：

$$n\,\underline{\tau}_f = n\,\underline{\tau}_s \tag{4-33}$$

式中，$\underline{\tau}_f$ 和 $\underline{\tau}_s$ 分别为流体和结构的应力，下划线表示这些值定义在流固耦合界面上。

气流场模型中，气体为不可压缩理想气体；结构场模型中，由于纱线在引

纬过程中所产生的变形属于线弹性变形，采用 Elastic-orthotropic（弹性正交各
向异性）材料模型来模拟纱线材料。根据上述的假设和简化可以得到不同压力
条件下气流场和纱线的主要相关参数，见表 4-14 和表 4-15。

表 4-14　气流场的主要相关参数

入口压力/Pa	雷诺数	湍动能 $k/(\mathrm{m^2/s^2})$	湍流耗散率 $\varepsilon/(\mathrm{m^2/s^2})$	时间步长/ms
30000	44185	44.13	137647.69	0.01
40000	52709	60.095	218713.37	0.01
50000	94599.78	34.37	94599.78	0.01

表 4-15　纱线的主要相关参数

约束条件	总长/mm	密度/($\mathrm{kg/m^3}$)	弹性模量/GPa
棉线	100	1.54×10^3	1

采用三种不同的入口压力对比来分析纱线在其中的运动情况，模拟的时候，
我们主要关注的是纱线的运动弯曲变化情况，根据 Sadykova[98] 提出的当纤维的
纵向变形较小（小于 5%）时，纤维直径和横截面的变化可以忽略，因此本章
在模拟中将纱线的泊松比设置为零。为了使得模拟能够持续计算，需要自动控
制流体网格质量。自适应网格控制标准是通过重新划分网格来改善网格质量。

对于流体网格来说，我们采用局部标准 C 来选择合适的单元尺寸，见式
（4-34）

$$C(F_e): h_{ep} \| F_e \| = c \tag{4-34}$$

式中，c 是一个常数；h_{ep} 是一个确定合适单元尺寸的值；F_e 是单元上的流体求
解变量，像压力梯度和速度。

为了保证计算的精确性，我们需要控制合适的单元数量，而控制因素为 λ_r，
见式（4-35）

$$c = \lambda_r \frac{1}{N_e} \sum_e h_e \| F_e \| \tag{4-35}$$

式中，h_e 是改善后的局部单元尺寸；N_e 是所有的网格数量。

实际应用中，单元数量太大或者太小都需要控制，因此我们需要设置网格
大小。合适的局部网格大小控制公式见式（4-36）

$$h_{ep} = \frac{c}{\max\left\{\min\left\{ \| F_e \|, \dfrac{c}{h_{\min}}\right\}, \dfrac{c}{h_{\max}}\right\}} \tag{4-36}$$

式中，$h_{\min}$ 和 $h_{\max}$ 分别为最小和最大单元尺寸。

通过上述的自适应网格控制方法，就可以很好地控制流体网格质量，使得流固耦合数值模拟可以持续不断地进行下去。图 4-55 所示为自适应前后的流体网格，即为采用自适应网格控制方法以后得到流体网格。

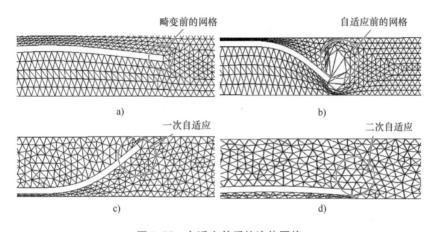

图 4-55　自适应前后的流体网格

a) $T=0.00289\text{s}$　b) $T=0.00719\text{s}$　c) $T=0.0135\text{s}$　d) $T=0.0159\text{s}$

另一种求解方法叫作迭代耦合法，也叫作分离法。在该方法中，流体和结构的求解变量是完全耦合的。流体方程和结构方程是按顺序相互迭代求解的，将各自在每一步得到的结构提供给另一部分使用，直到耦合系统的解达到收敛，迭代停止。

计算过程概括如下：为了得到 $t+\Delta t$ 时刻的解，我们在流体模型和结构模型之间迭代计算。设初始解为 $d_s^{-1}=d_s^{0}=d_s^{t}$，$\lambda_s^{0}=\lambda_s^{t}$，对迭代步 $k=1$，2，3，$\cdots$，进行下面的求解过程来得到 $X^{t+\Delta t}$。

从流体方程 $F_f[X_f^{k},\lambda_d d_s^{k-1}+(1-\lambda_d)d_s^{k-2}]=0$ 解出流体解向量 X_f^{k}。这个解是利用给定的结构位移对流体模型求解得到的，λ_d（$0<\lambda_d<1$）是结构位移松弛因子。

如果只需要满足应力收敛条件，则要计算出应力残量并与迭代容差相比较，满足标准了，就可以满足标准了，继续求解结构方程。

从结构方程 $F_s[X_s^{k},\lambda_\tau \tau_f^{k}+(1-\lambda_\tau)\tau_s^{k-1}]=0$ 中解出结构解向量 X_s^{k}。流体应力也使用了应力松弛因子 λ_τ（$0<\lambda_\tau<1$）。

流体的节点位移利用给定的边界条件 $d_f^{k}=\lambda_d d_s^{k}+(1-\lambda_d)d_s^{k-1}$ 计算。

如果只需要满足位移收敛条件，则要计算出位移残量并与迭代容差相比较。如果应力和位移的标准都要求满足，则两个收敛条件都要检查。如果迭代不收敛，则重新假设初始条件继续下一个迭代，直到达到 FSI（流固耦合）迭代的最大数，保存并输出流体和结构的结果。

在耦合系统中控制收敛的参数是由流体模型决定的。这些参数包括应力和位移容许误差、松弛因子、收敛标准等。保存和输出解分别由流体和结构的模型单独控制。在双向耦合问题中，迭代耦合的方法比直接计算占用的内存要小，并且它适用于有接触条件的问题。

4.5.1　不同入口压力下纤维的受力特性

下面介绍三种入口压力条件下纱线在气流中的运动特性。图 4-56 所示为 30000Pa 情况下两端自由纱线在 6 个时刻的运动变化。

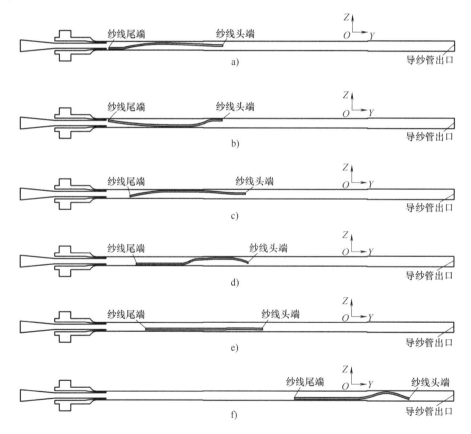

图 4-56　30000Pa 情况下两端自由纱线在 6 个时刻的运动变化

a）$T = 0.00216\text{s}$　b）$T = 0.00337\text{s}$　c）$T = 0.00705\text{s}$　d）$T = 0.00765\text{s}$

e）$T = 0.00885\text{s}$　f）$T = 0.01908\text{s}$

图 4-56 中可以看出在 $T = 0.00216\text{s}$ 的时刻，纱线尾端开始运动，并且接触壁面；在 $T = 0.00337\text{s}$ 的时刻，纱线与壁面的接触位置逐渐过渡到纱线的中间

部位，并且纱线头端与尾端同时接触壁面；在 $T=0.00885\text{s}$ 的时刻纱线所有表面与壁面发生接触，纱线整体紧贴壁面运动；在 $T=0.01908\text{s}$ 的时刻，纱线头端离开壁面而发生弯曲变形。

　　为了分析两端自由纱线在喷嘴中随时间变化的位移波动情况，我们同样提取了三种压力下自由纱线中点围绕喷嘴中心轴线的位移曲线，图 4-57 所示为 30000Pa 情况下自由纱线中点的径向位移，图 4-58 所示为 40000Pa 情况下自由纱线中点的径向位移，图 4-59 所示为 50000Pa 情况下自由纱线中点的径向位移。

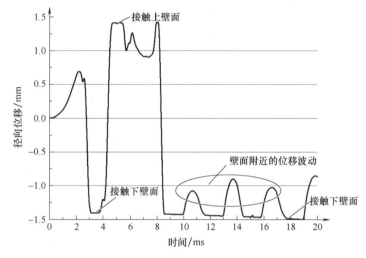

图 4-57　30000Pa 情况下自由纱线中点的径向位移

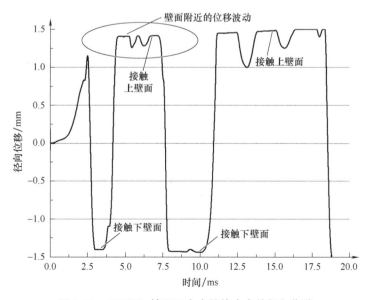

图 4-58　40000Pa 情况下自由纱线中点的径向位移

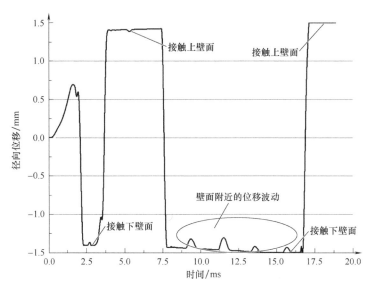

图 4-59　50000Pa 情况下自由纱线中点的径向位移

由图 4-57～图 4-59 可以看出自由纱线中点随着时间波动的位移曲线并未出现明显的规律特性，根据三种压力条件下纱线的位移曲线可以看出，一段时间内纱线会紧贴壁面运动，并且在运动过程中，纱线中点在壁面的运动过程中位移会产生小幅波动。

纱线在气流中随着气流的运动而向前运动，下面分析了三种压力下自由纱线在 20ms 的计算时间内的轴向速度随时间的变化情况。图 4-60 所示为 30000Pa 情况下自由纱线的轴向速度，图 4-61 所示为 40000Pa 情况下自由纱线的轴向速度，图 4-62 所示为 50000Pa 情况下自由纱线的轴向速度。

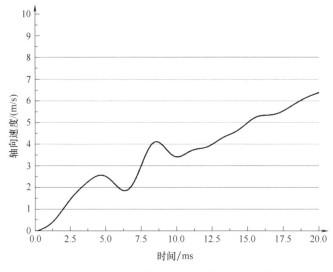

图 4-60　30000Pa 情况下自由纱线的轴向速度

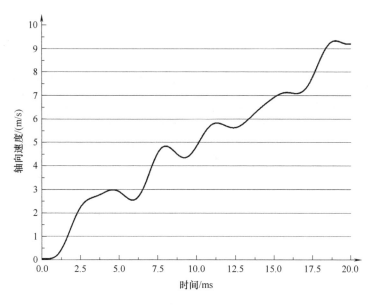

图 4-61   40000Pa 情况下自由纱线的轴向速度

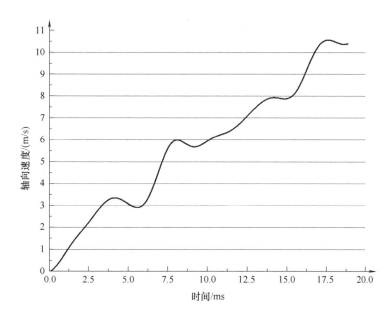

图 4-62   50000Pa 情况下自由纱线的轴向速度

　　从三种压力下自由纱线的轴向速度可以看出，自由纱线在气流中的速度呈现不断上升的趋势，并且随着压力的增加自由纱线的轴向最大速度也在不断地增加，在 50000Pa 的情况下，纱线在离开导纱管时的最大速度为 10.5m/s。

4.5.2　纱线的受力特性

　　图 4-63 所示为 30000Pa 情况下自由纱线中点随时间变化的主应力大小，图 4-64 所示为 40000Pa 情况下自由纱线中点随时间变化的主应力大小，图 4-65 所示为 50000Pa 情况下自由纱线中点随时间变化的主应力大小。对比分析可以

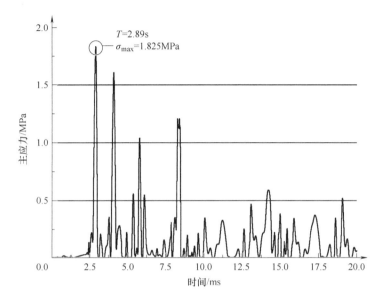

图 4-63　30000Pa 情况下自由纱线中点随时间变化的主应力大小

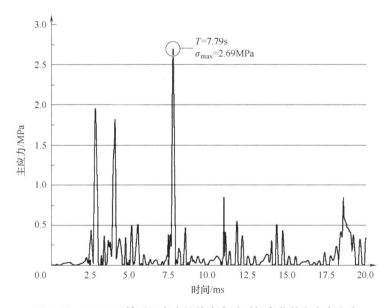

图 4-64　40000Pa 情况下自由纱线中点随时间变化的主应力大小

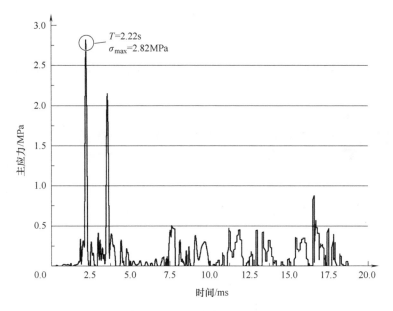

图 4-65　50000Pa 情况下自由纱线中点随时间变化的主应力大小

看出在整个计算时间内，随着时间的增加，主应力的大小在不断减小。最大的主应力集中在纱线的初始位置以及纱线与壁面接触的位置，随着纱线的运动，主应力逐渐减小。随着压力的增大，纱线中点的主应力最大值也在增加，在 50000Pa 的压力条件下，纱线受到的主应力的最大值为 $\sigma_{max} = 2.69\text{MPa}$。

4.5.3　纱线周围的流场特性

图 4-66 所示为 30000Pa 情况下自由纱线周围的流场速度云图。由图可以看出，气流速度最大的位置集中在喉部区域，最大气流速度为 360m/s。纱线头端和尾端周围的流场速度云图梯度较大，另一个速度梯度较大的部分主要集中在纱线与壁面接触的位置。随着自由纱线逐渐远离初始位置，气流在喉部的出口位置逐渐形成一个稳定的回流区。

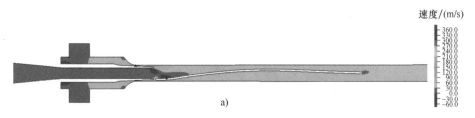

图 4-66　30000Pa 情况下自由纱线周围的流场速度云图

a）$T = 0.00216\text{s}$

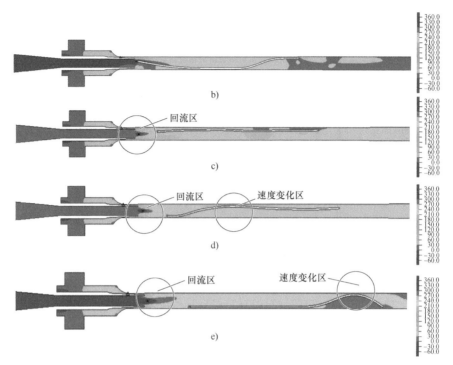

图 4-66　30000Pa 情况下自由纱线周围的流场速度云图（续）

b）$T = 0.00337\text{s}$　c）$T = 0.00705\text{s}$　d）$T = 0.00765\text{s}$　e）$T = 0.00885\text{s}$

4.6　试验测试

4.6.1　气流场测试方案设计

气动性能测试试验台由 PIV（粒子图像测速）系统和流动透明的高速射流引纱装置组成，其实物如图 4-67 所示，主、辅喷嘴由直连式空气压缩机供气。

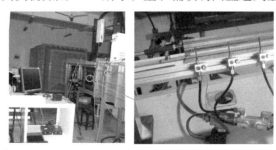

图 4-67　气动性能测试试验台实物图

1. PIV 系统

PIV 系统是在流动显示技术的基础上，结合图像处理技术发展起来的一种新型流动测量技术。与烟线法、氢气泡法等以往只能定性测量显示的技术相比，PIV 具有无扰、瞬态、全场、定量测量的优点[99]。

其工作的原理：由同步器按所设的时间间隔触发两束脉冲激光束，激光束经球面镜和柱面镜调整为片光源后，照亮需观测流场中的示踪粒子；CCD（电荷耦合器件）相机在两束脉冲激光照亮测量断面时分别拍摄记录下两帧图像，并将图像传输到数据采集系统；然后对粒子图像进行分析处理，得到拍摄图像中的粒子位移，进而得到该流场观测面的速度、涡量、流线、等速度线等反映该流场特征的各项参数。

试验中使用的 PIV 系统装置示意图如图 4-68 所示。

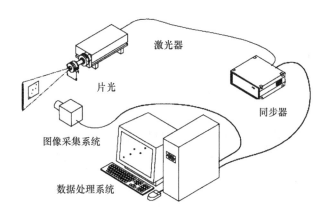

图 4-68　PIV 系统装置示意图

（1）激光器　Nd：YAG（铱-钕石榴石）激光，其发射出的激光是波长为 532nm 的可见绿光，工作频率为 15Hz，脉冲能量为 150mJ，脉冲宽度为 9ns。激光器由两台 Nd：YAG 激光器、光路调整系统及循环冷却系统组成；激光器产生的两束激光脉冲，由光路系统合并到一处。两激光器脉冲间隔的可调整范围很大，为 200ns ~ 100ms，流场速度可测范围为 0.1 ~ 1000m。

（2）图像采集系统　Imager Pro 2M CCD 相机，分辨率为 1600（H）× 1200（W），帧速为 30f/s，其功能为在相继两帧上记录示踪粒子第 1 次和第 2 次曝光的运动轨迹图像，以提供给数据处理系统。

（3）同步器　捕捉 CCD 相机的脉冲信号，并根据脉冲延迟时间和间隔时间来控制激光器发光。

（4）片光　激光器发射出的激光由光路系统形成的区域，在试验中待测流场应为激光束腰处即激光片面最薄的位置。

（5）示踪粒子 用来反映流场流动情况的微粒，具有跟随性好、无毒、无腐蚀、化学性质稳定、米氏（Mie）散射效应好的特点。

（6）数据处理系统 对 CCD 相机记录的图像进行互相关处理，在相关函数图中存在一个明显的峰值，根据峰值和坐标中心位置就可以确定位移的方向，结合两次激光脉冲的时间间隔和峰值与中心坐标的差就可以得出示踪粒子的速度。

2. 粒子投放方法

PIV 实际测量的是示踪粒子的运动形态，通过示踪粒子来反映流体的运动状态和现实现象。加入的粒子需要满足示踪性、散射性、成像性这三个条件。示踪性要求粒子的粒径足够小、浓度足够低；散射性要求粒子的直径大于激光波长，散射光强可由 Mie 散射理论估算；成像性要求在空间中粒子的分布浓度均匀、适当，在判读区域内有反映流场信息的粒子数，但不能过多以防形成光斑。

粒子的选择、投放是 PIV 测量的难点，关系到试验的成败。本试验中主喷嘴的直径为 4mm，且气体流场的马赫数范围为 0.65 ~ 0.94，加大了粒子选择投放的难度。

粒子选取方面，根据前人研究，在气体流场中使用直径为 0.5 ~ 1.5μm 的油雾粒子，在气态流场中使用 10 ~ 100μm 的聚苯乙烯粒子最佳，能反映流场速度的突然变化。本试验中的示踪粒子采用 LaVision 公司配备的 DEHS 油，粒子发生器的输入端接小型空气压缩机，输出端即可产生浓度均匀、直径约为 0.5μm 的油雾粒子，满足本试验气体流场对示踪粒子的要求。

粒子投放方面，因粒子发生器的出口气压最大为 0.2MPa，无法满足工厂主喷嘴实际气压为 0.25 ~ 0.4MPa 的要求。经过讨论，每次试验前在 2m × 60cm × 60cm 的风洞观测窗内充满浓度适当的油雾粒子，解决了粒子投放问题。

同时在试验模型表面金属部分涂上无光油漆，减弱其对激光反射，以便能增加激光器的能量输出、提高油雾粒子的 Mie 散射效率、便于 CCD 相机拍出清晰的粒子图像、得到更好的观测结果。

4.6.2 气流场测试结果分析

1. 主喷嘴流场

本次试验主要是为了获得主喷嘴出口处直径为 30mm 范围内的流场分布，主喷嘴供气气压为 0.20MPa、0.25MPa、0.30MPa、0.35MPa、0.40MPa。

（1）出口流场测试图形 图 4-69 所示为 2M CCD 相机拍摄的相继两帧时主

喷嘴出口流场的粒子图、矢量图与等速度场图，然后将粒子图导入该仪器配套的软件 FlowMaster 进行迭代算法处理，之后将数据导入 Tecplot 进行二次处理。

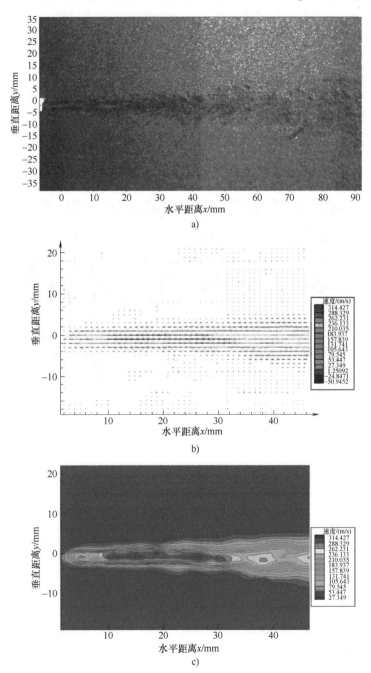

图 4-69　主喷嘴出口流场的粒子图、矢量图与等速度场图

a）粒子图　b）矢量图　c）等速度场图

127

（2）各输入气压下主喷嘴出口的速度值（见表4-16）　对比仿真值和实测值可知，结果存在一定的偏差，这样的偏差源于仿真和试验两方面因素，还是可以接受的。主喷嘴出口速度随输入压力的增大而增大，输入气压在0.20～0.40MPa间变化时，出口气流速度在230～340m/s之间变化。

表4-16　主喷出口速度的仿真与实测值对照表

气压/MPa	0.20	0.25	0.30	0.35	0.40
仿真值/(m/s)	247	272.7	300.4	323	337.9
实测值/(m/s)	230	275.2	301.6	314.5	321.4

2. 辅喷射气流场试验结果分析（见图4-70和表4-17）

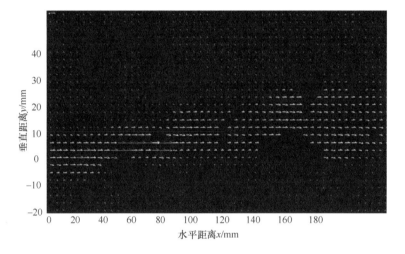

图4-70　辅喷嘴出口流场矢量图

表4-17　辅喷嘴出口速度的仿真值与实测值对照表

气压/MPa	0.25	0.30	0.50
仿真值/(m/s)	217	250	282
实测值/(m/s)	220	245	271

对比仿真值和实测值可知，虽然结果存在一定的偏差，但还是可以接受，这也证明辅喷嘴的三维数值仿真计算的可行性。辅喷嘴出口速度随输入压力的增大而增大，输入气压在0.25～0.50MPa间变化时，出口气流速度在210～290m/s之间变化。相比主喷嘴出口速度随输入气压的增长趋势，辅喷嘴出口速度随输入气压增长的趋势缓慢。

3. 合成气流场试验结果分析

试验台由主喷嘴、辅喷嘴、异形筘组成的简化引纬模型组成，利用 PIV 测量。由于粒子投放问题，本次试验只做了一种工况。主喷嘴输入气压为 0.2MPa，辅喷嘴输入气压为 0.25MPa，异形筘槽排密无间隙。主喷嘴与异形筘槽距离为 20mm，与第一辅喷嘴距离为 40mm，合成气流场速度见表 4-18。

表 4-18 合成气流场速度仿真值与实测值对照表

x/mm	0	10	20	30	40	50	60	70	80	90	100
仿真值/(m/s)	249	246	230	200	160	125	123	158	155	130	122
实测值/(m/s)	230	226	212	188	150	118	116	145	145	120	112

根据表 4-18 绘制合成气流场轴线速度的拟合曲线，如图 4-71 所示。

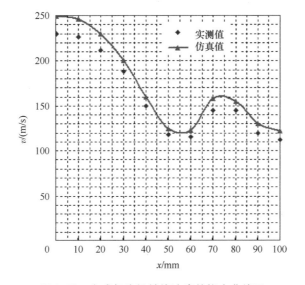

图 4-71 合成气流场轴线速度的拟合曲线图

由仿真值和实测值的对比可知，在主要元件三维计算基础上的合成气流场的二维数值仿真计算的可行性。主喷射气流在引纬过程前 100mm 中还是起主导作用，辅喷嘴的加入可使轴线速度下降曲线减缓。

4. 试验误差分析

从试验的角度来分析，发现 PIV 试验的条件还是比较苛刻的，从速度矢量图上看，PIV 图像并不理想，容易试验失败及产生误差，主要有以下几方面的误差：①由于相关峰值的计算方法引起的，如粒子形状不规则、尺寸不均匀、CCD 有限分辨率等影响而引起的系统误差；②由 PIV 图像记录和分析中的噪声引起的随机误差；③由于检测区域内流体存在变形、旋转（存在速度梯度），导致速度梯度误差；④当流动存在加速度时，由粒子的拉格朗日速度导出测量点的欧拉速度时产生的加速度误差。

有些误差是可以避免的，如果时间允许需要进一步改进试验方法、增加试验次数，这样可以减小误差。

4.6.3　纱线运动特性的测试方案设计

纱线运动特性测试平台主要由喷嘴、钢筘片、流量计、张力传感器、压力传感器、高速摄像仪组成，半封闭流道采用透明有机材料加工（见图4-72）。

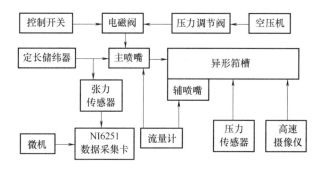

图4-72　纱线运动测试平台示意图

高速摄像仪为美国 Cooke 公司的 pco.1200hs 高速摄影机及动态图像采集分析系统。该摄像仪采用 CMOS（互补金属氧化物半导体）技术和电子技术，最高达 130 万像素，数据传输记录速度为 820MB/s，曝光时间最小达 1μs，相机内置内存最高可达 4GB，可通过 IEEE1394 或 Camera Link 实时观察或记录。

张力传感器的检测原理是当纱线经过传感器时，压在一个带有磁体的弹片上，弹片发生弯曲。弹片上磁体的运动被可编程的霍尔传感器转换成纱线张力的信号。

压力传感器采用 Kulite 公司的 XCQ-062，它采用硅叠硅和无引线专利技术，体积小，最小直径为 1.6mm，长度为 2.54mm，灵敏度为 5.881mV/bar（1bar = 10^5Pa）。

通过高速摄像仪拍摄纱线在流场中的运动状态，根据拍摄的图像进行数据提取，结合压力传感器和张力传感器采集的数据进行分析对比（见图4-73）。

130

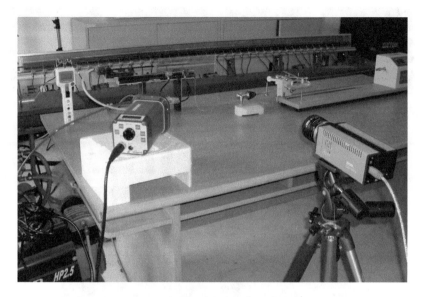

图 4-73　喷气引纬试验装置实物图

4.6.4　纱线运动特性的测试结果分析

1. 主喷嘴输入气压对纱线运动特性的影响

目前在调整喷气织机引纬参数时普遍采用的是调整喷嘴的供气压力。但引纬是靠气流摩擦力传递给纱线的，而摩擦力与压力无直接关系，与气流的速度有关。

下面采用两种不同特性的纱线进行试验对比，纱线参数见表 4-19。

表 4-19　纱线参数

名　　称	直径 d/mm	阻力系数 C_f
棉线	0.352	0.03
长丝	0.229	0.019

高速摄像仪在 10000 帧/s 的条件下拍摄主喷嘴出口处纱线的飞行状态，图 4-74 所示是在主喷嘴气压为 0.3MPa 时拍摄的主喷嘴出口处纱线的飞行轨迹。

从图 4-74 可以看出，纱线头端波动螺旋式向前飞行，而后面的纬纱近似直线飞行。这是因为纱线自由飞行的过程中，头端张力为 0，又受到重力作用，头端容易向下弯曲，而弯曲的纱线受气流作用形成一个瞬时压力差，这个瞬时压力差推动纬纱头端以比纬纱正常飞行速度更快的速度运动，并靠惯性作用使纬纱头端变成向上弯曲；当纱线头端变成向上弯曲后，气流对纱线头端的瞬时

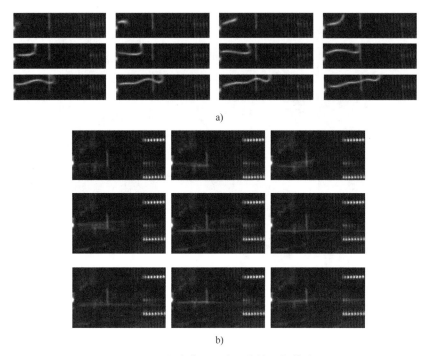

图 4-74　主喷嘴出口处纱线的飞行轨迹

a）棉线出口运动状态　b）长丝出口运动状态

压力差又产生方向相反的摩擦牵引力，促使纱线头端向下飞行。这样，纱线头端上下波动向前飞行。同时，纱线在引纬过程中做与纬纱捻向相反的反向旋转，但反向旋转的半径极小，因此纱线头端在流场中是波动螺旋式向前飞行的。而后面的纱线同时受到较大重力和张力的影响，近似直线飞行。飞行一段时间后，气流头端速度减慢，而尾端出主喷嘴处速度仍很快，纬纱经一段距离后浮动、成圈，纬纱前端速度小于后端速度，会出现"前拥后挤"的现象。

气流速度是由 PIV 获得的，纱线速度是由高速摄像仪获得。将高速摄像仪拍摄下来的图片导入高速摄像仪专用分析软件中进行处理得到纱线在不同气压下的飞行速度表（见表 4-20）。

表 4-20　不同主喷嘴输入气压时的气流速度和纱线速度

主喷嘴输入气压/MPa	0.30	0.35	0.40	0.45
主喷嘴出口处气流速度/(m/s)	301	314	321	332
棉线出口速度/(m/s)	32	28	39	36
棉线 180mm 内平均速度/(m/s)	40	39	50	48
长丝出口速度/(m/s)	29	25	37	37
长丝 180mm 内平均速度/(m/s)	40	44	52	49

C_f 小的纱线出导纱管时容易受气流速度影响产生波动，飞行不稳定。C_f 大的纱线比 C_f 小的纱线在引纬过程中的平均速度要低些，但飞行更稳定。

虽然试验速度测试存在一定的误差，如距离主喷嘴 30 ~ 40mm 时，有一些速度突然变小，这是因为后端速度比头端速度快，造成纱线头端弯曲，在数据处理上出现一定的误差，造成速度突变的假象，但还是能说明一些趋势的。

不同主喷嘴输入气压时纱线速度的拟合曲线如图 4-75 所示。从纱线出口速度与距离之间的关系图上看，刚出主喷嘴导纱管时纱线头端速度相对较低，在 30m/s 左右，随后开始加速，在距离主喷嘴出口处 4 ~ 6cm 内速度迅速提升，在高速区域维持 5cm 左右距离，其后速度开始下降。

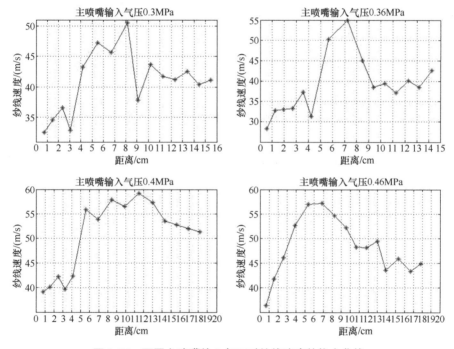

图 4-75　不同主喷嘴输入气压时纱线速度的拟合曲线

纱线头端在导纱管中受到气流摩擦力的影响，在导纱管内形成一定的初速度，出导纱管时纱线头端维持在 30m/s 左右的速度。在主喷射气流的力、筘槽对气流的约束作用力和纱线惯性力的作用下，纱线在距导纱管出口 4 ~ 6cm 的范围内有一个再加速的过程。

相对辅喷嘴而言，由于主喷嘴喷管出口处的气流中心直接处于纬纱飞行中心，对纱线产生的摩擦牵引力大，主喷嘴气压对提高纱线飞行速度有较大影响。从图 4-75 来看，主喷嘴输入气压高，纱线速度就快，但当压力增加到一定值后，纱线速度增加缓慢，容易引起纱线退捻加剧、纱线抖动等。

目前，从纱线速度与气流速度的比例来看，气流的利用率还是偏低，一方面是由于气流的扩散速度造成的，另一方面也是由于纱线与气流运动耦合度不高造成的。

2. 不同主、辅喷嘴间距对纱线运动特性的影响

以纱线为研究对象，主喷嘴输入气压为 0.40MPa，辅喷嘴输入气压为 0.45MPa。研究不同主喷嘴与第一辅喷嘴间距对纱线运动的影响。

高速摄像仪在 10000 帧/s 的条件下拍摄纱线飞行状态，导入高速摄像仪专用分析软件中，采用手动追踪进行图片处理，得到不同间距下纱线运动的速度曲线，如图 4-76 所示。

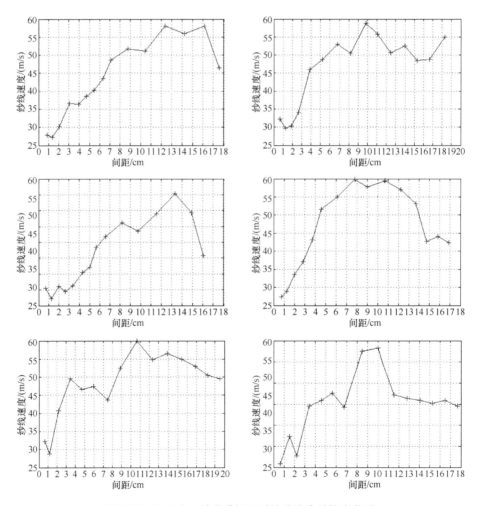

图 4-76　不同主、辅喷嘴间距时纱线速度的拟合曲线

从图 4-76 可以看出，在主喷嘴与第一辅喷嘴间隔小于 60mm 时，纱线速度呈线性增加趋势，在距离为 3~6cm 时，纱线头端速度变化明显，速度最大值出现在距离主喷嘴 10~12cm 处，达到 60m/s。在主喷嘴与第一辅喷嘴间隔为 70mm 和 80mm 时，在距主喷嘴 70mm 左右的地方，纱线速度出现了一个明显的下降再上升的过程，纱线头端速度得到了二次加速，虽然最大值也在 60m/s，但是速度波动大，最大速度同样出现在 10~12cm 处。辅喷嘴气流在合适时机加入可以抑制纱线头端的弯曲、扭曲，否则容易出现合成气流场的二次加速，引起纱线运动波动，造成纱线头端聚结，容易挂纱，不利于引纬。

因此，主喷嘴与第一个辅喷嘴的距离应为 40~60mm。

3. 辅喷嘴安装参数对纱线运动特性的影响

以纱线为研究对象，主喷嘴输入气压为 0.40MPa，辅喷嘴输入气压为 0.45MPa。主喷嘴与第一辅喷嘴间距为 40mm，研究辅喷嘴安装参数对纱线运动的影响（见表 4-21）。（注：为与第 4 章辅喷嘴入射角概念统一，此时的安装角度是经过投影变换所得）

表 4-21   不同安装参数时纱线的速度   （单位：m/s）

	高度刻度	2	3	4
角度/(°)	5	55	58	53
	8	54	56	53
	12	53	54	50

从表 4-21 可以看出，在相同角度刻度时，速度随着角度的增大而变小，5° 时速度最大；在相同角度时，速度先增大后减小，3 刻度时速度达到最大值。在相同刻度时，角度越小，辅喷射气流进入合成气流场就越多，气流速度也越高，纱线速度也随之有所增加。在相同角度时，辅喷嘴安装合适的高度才能提高辅喷射气流的利用率，过高或过低都会导致气流碰撞加剧，而使扩散速度加快，不利于纱线的飞行。

4. 辅喷嘴间距对纱线运动特性的影响

以纱线为研究对象，主喷嘴输入气压为 0.30MPa，辅喷嘴输入气压为 0.35MPa。主喷嘴与第一辅喷嘴间距为 40mm，辅喷嘴安装参数为 3 刻度 5°。高速摄像仪在 10000 帧/s 的条件下拍摄纱线飞行状态，导入高速摄像仪专用分析软件中，采用手动追踪进行图片处理，得到不同辅喷嘴间距时纱线头端的速度拟合曲线，如图 4-77 所示。

图 4-77 中黑色线代表第一个辅喷嘴的位置，红色线代表第二个辅喷嘴的位置。从上图 4-77 中可以看出，飞行过程中纱线速度是不断变化的，纱线在两个辅喷嘴之后，速度整体处于增大趋势，辅喷嘴间距不同，速度最大值出现的位置也不同。在一段稳速期后速度开始衰减，衰减的幅度随着距离增加而增大。

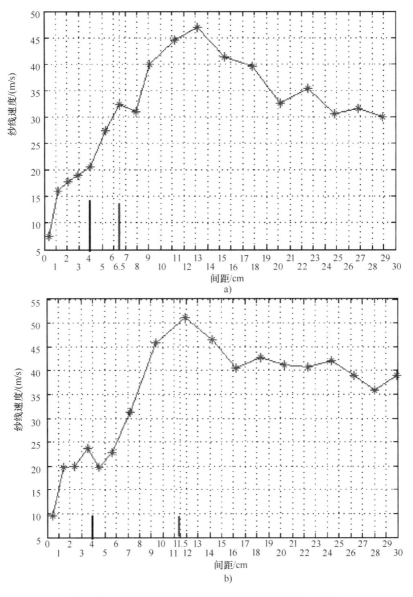

图 4-77　不同辅喷嘴间距时纱线头端的速度拟合曲线

a）间距为 5.5cm　b）间距为 6.5cm

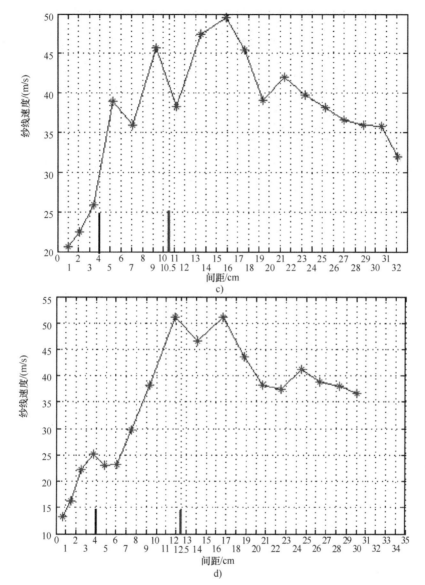

图 4-77 不同辅喷嘴间距时纱线头端的速度拟合曲线 （续）

c）间距为 7.5cm d）间距为 8.5cm

为了便于比较，将不同间距下纱线速度平均值与峰-峰距离做成表，见表 4-22。

表 4-22 不同间距下纱线速度平均值与峰-峰距离

间距/cm	5.5	6.5	7.5	8.5
$v/(m/s)$	55	54	53	51
$\Delta l/cm$	11.3	12.4	12.9	13.1

可见纱线平均速度与喷嘴间距成反比，喷嘴间距越大，纱线平均速度越小。峰-峰距离 Δl 与喷嘴间距成正比，喷嘴间距小，峰-峰距离也小，同时速度峰值相对也大。

在筘槽的右端，辅喷嘴间距应适当地减小以保证合成气流场的气流速度平稳；或者单独给最后的几个喷嘴供气，提高其供气气压来增加合成气流场的动量。通过这两种方式来提高纱线头端的稳定性，使其伸直，减少弯曲、聚团，提高引纬质量。

第 5 章　气动捻接腔中纤维空气的捻接技术与装置

5.1　纤维退捻

在过去研究纱线气动捻接的过程中，大部分的研究者主要研究纤维须条的加捻效果。事实上，纱线纱头是否能够有效退捻也会影响随后的解捻纤维的缠绕效果，进而影响结头的成形外貌及捻成纱的捻接质量。而纱头退捻的好坏又主要取决于由退捻腔的结构参数所控制的腔内流场特性[100]，因此本节将详细地阐述退捻腔的结构参数对腔内流场特性以及最终纱线退捻效果的影响。此外设计了一组具有对比结构参数的退捻腔体，并进行了退捻腔内纱头退捻的可视化试验，用来验证仿真结果及理论分析。

5.1.1　退捻腔体

图 5-1 所示为由进气管和退捻管组成的退捻腔三维几何模型，退捻管的主要结构尺寸如图 5-2 所示，压缩气流从进气管进入加速流道，进入渐缩流道，气流被加速到达较高的喷射速度。在进气喷嘴和退捻管端面之间的小于 3mm 的引线槽被用来将纱线端头引入退捻管。由于引线槽对于气流形态没有显著影响，在图 5-2 所示的简化仿真模型中就不显示出来了。当喷射的气流由进气喷嘴进入退捻管后，在退捻管结构参数作用下，由轴向和周向气流构成的复合气流得以形成。

纱线良好退捻的前提是在退捻腔内形成有效的周向气流，因此退捻管的几何结构就非常重要，图 5-2 显示了退捻管的结构特征和主要尺寸参数。结构参数包

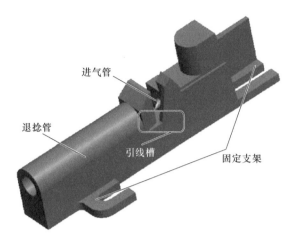

图 5-1　退捻腔三维几何模型

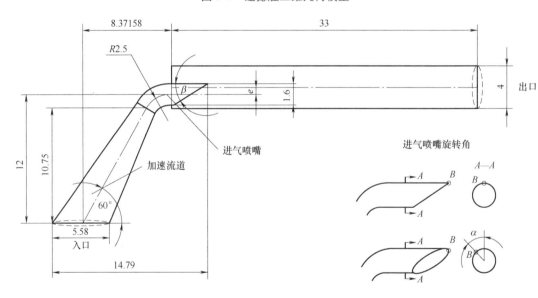

图 5-2　退捻管的主要结构尺寸

括加速流道几何结构、进气喷嘴切角 β、进气喷嘴旋转角 α 和偏距 e，这些参数在很大程度上影响着周向气流流场。接下来，将详细讨论这些参数对于流场特性的影响。

5.1.2　流场模型

仿真计算模型具有单独的出口和进口，设置进气管入口压力为 0.55MPa，退捻管出口压力为 0.1MPa，压力边界上的气流方向均为垂直于进出口端面。另外，所有壁面区域上被假定为绝热边界，同时气流无滑移，即壁面上的流体速度为 0，且不存在热传递。

退捻腔内气流运行示意图如图 5-3 所示，当气流经加速流道到达进气喷嘴时，由切角决定的包含轴向和径向分量的复合气流得以形成，最后复合气流在与退捻管圆形壁面发生冲撞和反弹后形成周向气流。

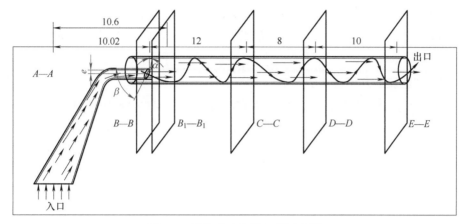

图 5-3 退捻腔内气流运行示意图

为了确定计算域上的网格是否足够保证仿真结果的网格密度无关性，计算网格单元的数量被设置为 3 个水平：A（625226 个网格单元）、B（84246 个网格单元）、C（24540 个网格单元）。这里对切角、旋转角和偏距分别为 25°、75°和 0.8mm 的退捻腔内气流形态在三种不同网格疏密水平下进行了仿真计算。图 5-3 上标记的截面 B—B、C—C、D—D、E—E 上的平均速度被用来比较在不同网格规模下的仿真结果。不同网格下的退捻腔上同一截面处的气流的平均速度如图 5-4 所示，网格 B 相对于网格 A 的计算结果的最大误差为 3.41%，而网格 C 相对于网格 B 的计算结果的最大误差为 7.6%，因此为了得到更加精确的仿真结果并合理控制计算资源的损耗，网格 B 的划分原则被用于随后的腔体结构划分。

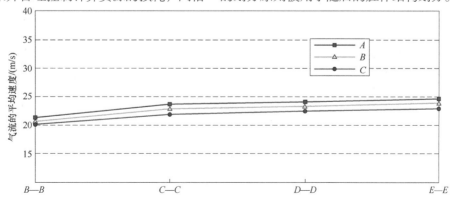

图 5-4 不同网格下的退捻腔上同一截面处的气流的平均速度

5.1.3　流场特征与关键结构参数

良好退捻效果的前提是在退捻腔内形成有效的周向气流。退捻腔结构参数包括加速流道几何结构、进气喷嘴切角 β、进气喷嘴旋转角 α 和偏距 e，它们都会在很大程度上影响周向气流流场的分布。接下来这些参数对于流场特性的影响将会被详细地讨论。

1. 加速流道几何结构的影响

为了在加速流道出口处获得高速的喷射气流，确定退捻腔的加速流道的几何结构是非常必要的。由于气动捻接器的结构限制，加速流道的纵向截面轮廓被设置为如图 5-5 所示，其中进气入口直径和进气出口直径分别被设定为 5.58mm 和 1.6mm，变量 D 被引入来控制流道的收缩形状。变量 D 分别为 1mm、1.6mm 和 2.88mm 的三个不同工况下加速流道的纵向截面被设计出来，在进气入口处的压力设置为 0.55MPa，三个工况下的加速流道的速度矢量图如图 5-6 所示。由图可知，随着变量 D 的增大，出口处的最大气流速度也增大。为了使得气流流速尽可能大，本节选取工况 3 作为最优加速流道。

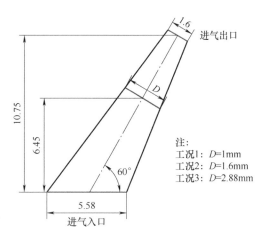

图 5-5　加速流道的纵向截面轮廓

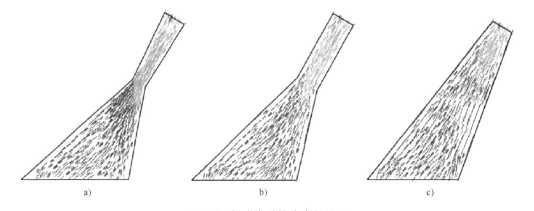

图 5-6　加速流道的速度矢量图

a）工况 1：$D=1\text{mm}$，$v_{\max}=79.4608\text{m/s}$　　b）工况 2：$D=1.6\text{mm}$，$v_{\max}=166.751\text{m/s}$

c）工况 3：$D=2.88\text{mm}$，$v_{\max}=288.193\text{m/s}$

2. 进气喷嘴切角的影响

为了改变进气喷嘴出口气流的喷射角度，进气喷嘴切角 β 被用来形成一个适合的径向气流。图 5-7 所示为图 5-3 中的进气喷嘴切角在 A—A 截面的示意图。显然，当切角 β 较小的时候，更多的气流偏离退捻管道的轴向方向，这就会增加径向方向的气流。因此，变量 Δ 被引入来表示轴向速度相对径向速度的比值

$$\Delta = v_{axial}/v_{radial}$$

式中，v_{axial} 和 v_{radial} 分别为进气喷嘴出口处的轴向平均速度和最大径向速度

为了确定切角 β 和轴向速度相对径向速度比值 Δ 的关系，计算了不同进气喷嘴切角 β（$25° \sim 75°$）下的退捻腔内流场，其中偏距 e 和旋转角 α 分别为 0.8mm 和 75°。

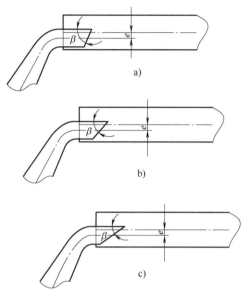

图 5-7　进气喷嘴切角在 A—A 截面的示意图
a) $\beta = 75°$　b) $\beta = 45°$　c) $\beta = 25°$

表 5-1 所示为不同切角下进气喷嘴出口处的速度，列出了不同切角下进气喷嘴出口处的平均轴向速度和最大径向速度。当切角 β 趋向于 55° 时，平均轴向速度改变很大。同时计算结果也表明当切角 $\beta < 55°$ 时，平均轴向速度在 82m/s 浮动；当 $\beta > 55°$ 时，平均轴向速度在 95m/s 浮动。此外，随着切角 β 的增大，进气喷嘴出口处的最大径向速度随之减少。不同切角下进气喷嘴出口处轴向速度相对径向速度比值的变化趋势如图 5-8 所示，可以看出随着切角 β 的增长比值 Δ 呈现单调增长的趋势，更显著的是当切角 β 在 $55° \sim 65°$ 的时候，比值 Δ 出现了陡峭上升，为了得到更小的比值 Δ 以及退捻管内更高的径向速度，切角 β 被设定为 25°，以便其他结构参数的讨论。

表 5-1　不同切角下进气喷嘴出口处的速度

$\beta/(°)$	$v_{axial}/(m/s)$	$v_{radial}/(m/s)$	Δ
25	82.3	28.99305776	2.84
35	81.2	21.3070734	3.81
45	82.8	18.89425225	4.38

（续）

$\beta/(°)$	$v_{axial}/(m/s)$	$v_{radial}/(m/s)$	Δ
55	84.3	13.15169913	6.41
65	93.7	10.18598266	9.20
75	94.0	8.0	11.75

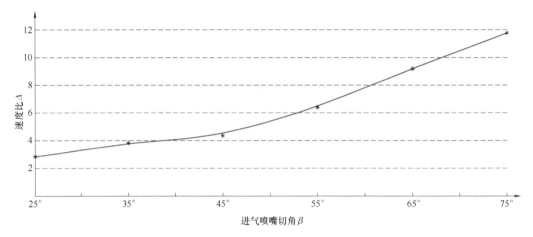

图 5-8   不同切角下进气喷嘴出口处轴向速度相对径向速度比值的变化趋势

3. 进气喷嘴旋转角 α 和偏距 e 的影响

图 5-9 所示为不同旋转角 α 和偏距 e 下的不同方向的喷射气流截面示意图。

如图所示，旋转角 α 能够使得径向气流的喷射方向以偏向角度 $\Delta\alpha$ 发生偏离，偏距 e 主要是以偏移距离 Δe 来改变进气喷嘴相对于退捻管圆形管壁的距离，因此两个参数共同影响着喷射气流在退捻管横截面上的入射角度 $\Delta\theta$，以产生周向气流。

一旦由轴向气流和径向气流合成的复杂气流从进气喷嘴中进入退捻管，纱线端头在轴向气流的拉伸作用下被拖入退捻管并悬浮在退捻管中心位置，同时退捻管内的周向气流迫使纱线端头产生旋转以及退捻。因而，周向气流是决定纱线退

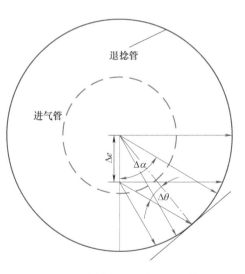

图 5-9   不同旋转角 α 和偏距 e 下的不同方向的喷射气流截面示意图

捻效果的关键因素，而主要影响周向气流产生的是结构参数 $\Delta\alpha$ 和 Δe。

根据 Stokes（斯托克斯）理论，流体的速度环量为沿着任意封闭路径上的速度积分，等效于由路径闭合的表面积上的涡旋强度。因此引进速度环量 Γ_L 来比较不同结构参数下的周向气流强度

$$\Gamma\_L = \int\_L v \cdot \mathrm{d}L$$

其中，闭环路径 L 被选为和退捻管圆形管壁的同心圆（见图 5-10），同心圆的直径为 2mm。积分的方向被定义为逆时针方向。显然，沿着退捻管轴向方向，周向气流的强度从内向外减弱。因此在图 5-3 中退捻管横截面 B_1—B_1 被选来比较周向的气流强度。该截面距离加速流道进气口中心的位置 10.6mm。为了分析偏距 e 和旋转角 α 对横截面上周向气流特征的影响，针对 "z" 捻向的纱线，本文进行了 25 组不同参数组合进行了数值仿真计算，对应的速度环量计算结果见表 5-2。由数据可以看出，在特定的路径 L 下随着偏距 e 和旋转角 α 的增长，速度环量也在不断地增长，这意味着逐步提高的周向气流强度。接下来，将进一步地分析偏距 e 和旋转角 α 对周向气流场强度的影响。

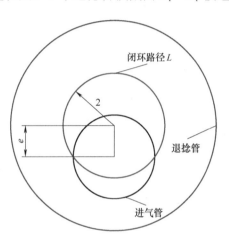

图 5-10　退捻管横截面上的
路径选取示意图

表 5-2　不同偏距和旋转角的速度环量计算结果（$\beta = 25°$）　（单位：m^2/s）

e/mm	$\alpha = 30°$	$\alpha = 45°$	$\alpha = 60°$	$\alpha = 75°$	$\alpha = 90°$
0	-1.73×10^{-3}	-6.31×10^{-4}	1.28×10^{-4}	5.46×10^{-4}	3.44×10^{-4}
0.2	1.14×10^{-3}	1.29×10^{-3}	6.55×10^{-3}	7.28×10^{-3}	8.41×10^{-3}
0.4	5.70×10^{-3}	1.13×10^{-2}	1.28×10^{-2}	1.44×10^{-2}	1.70×10^{-2}
0.6	9.84×10^{-3}	1.73×10^{-2}	1.71×10^{-2}	2.16×10^{-2}	2.43×10^{-2}
0.8	8.15×10^{-3}	1.82×10^{-2}	2.30×10^{-2}	2.44×10^{-2}	2.65×10^{-2}

图 5-11 和图 5-12 显示了偏距 e 为 0mm 和 0.2mm、旋转角 α 由 30° 到 90° 时，气流在横截面 B_1—B_1 的速度矢量图。由图 5-11 可知，由进气喷嘴喷射出的气流入射方向和旋转角 α 密切相关。随着旋转角 α 的变大，喷射气流的入射角将会沿着逆时针方向发生一定角度的偏转。当偏距 $e = 0mm$ 时，气流将沿着径向方向从两边扩散开来。这就导致了接近于 0 的速度环量值。因而，单独调

节旋转角 α，退捻管内都不可能形成周向气流来驱动纱线端头完成退捻。

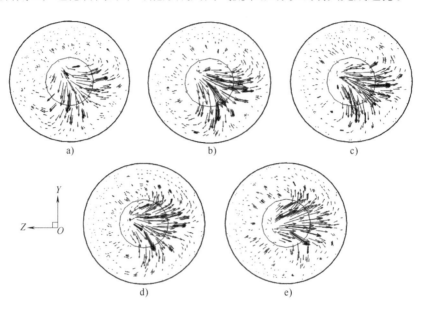

图 5-11　气流在横截面 B_1—B_1 的速度矢量图 1

a) $e=0mm$，$\alpha=30°$　b) $e=0mm$，$\alpha=45°$　c) $e=0mm$，$\alpha=60°$　d) $e=0mm$，$\alpha=75°$　e) $e=0mm$，$\alpha=90°$

由图 5-12 可知，相对于 $e=0mm$ 的工况，当 $e=0.2mm$ 时，周向气流的形态发生了明显的改变。由表 5-2 的计算结果可知，当 e 从 0mm 增长到 0.2mm 时，

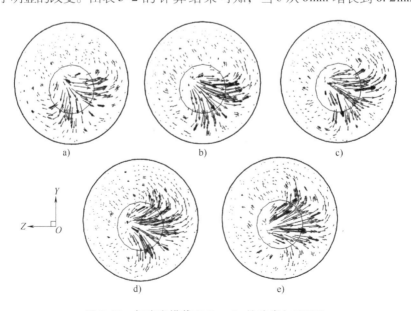

图 5-12　气流在横截面 B_1—B_1 的速度矢量图 2

a) $e=0.2mm$，$\alpha=30°$　b) $e=0.2mm$，$\alpha=45°$　c) $e=0.2mm$，$\alpha=60°$

d) $e=0.2mm$，$\alpha=75°$　e) $e=0.2mm$，$\alpha=90°$

五个不同旋转角下计算得到的速度环量值都有了数量级的增长。综合仿真数值和图形分析可以看出，正是由于进气喷嘴相对于工况 $e=0\text{mm}$ 有 0.2mm 的向下的偏移，不断增长的旋转角 α 将有助于形成逆时针方向上的周向气流。然而，由于该工况的偏心距仍然过小，使得喷射的气流在退捻管的横截面上的入射角度 $\Delta\theta$ 依然较小。因此，此时仍然不能形成较强的周向气流场。

图 5-13 所示为偏距 e 为 0.4mm、0.6mm 和 0.8mm 及不同的旋转角下气流在横截面 B_1—B_1 的速度矢量图，可以看出当旋转角为 $30°$ 时，气流从进气喷嘴射出后在和壁面碰撞之后迅速地扩散开来。由于在这几个情况下入射角较小，喷射气流在和壁面碰撞后将失去很大一部分能量，最终导致了一个相对较弱的周向气流场。因此，在给定旋转角为 $30°$ 的情况下，不管偏距多大，周向气流都不太显著，相对应的速度环量 Γ_L 保持在 10^{-3} 的数量级。

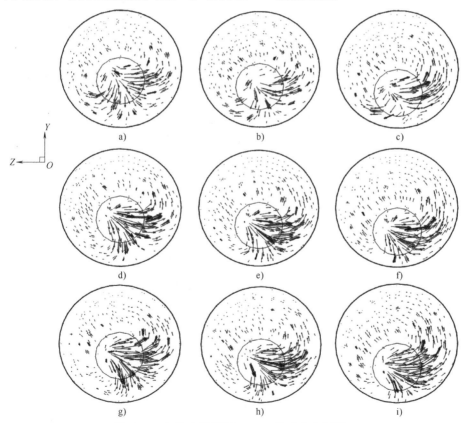

图 5-13　气流在横截面 B_1—B_1 的速度矢量图 3

a) $e=0.4\text{mm}$, $\alpha=30°$　b) $e=0.6\text{mm}$, $\alpha=30°$　c) $e=0.8\text{mm}$, $\alpha=30°$　d) $e=0.4\text{mm}$, $\alpha=45°$
e) $e=0.6\text{mm}$, $\alpha=45°$　f) $e=0.8\text{mm}$, $\alpha=45°$　g) $e=0.4\text{mm}$, $\alpha=60°$
h) $e=0.6\text{mm}$, $\alpha=60°$　i) $e=0.8\text{mm}$, $\alpha=60°$

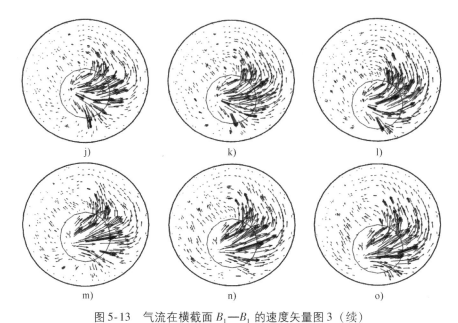

图 5-13　气流在横截面 B_1—B_1 的速度矢量图 3（续）

j）$e = 0.4\text{mm}$，$\alpha = 75°$　k）$e = 0.6\text{mm}$，$\alpha = 75°$　l）$e = 0.8\text{mm}$，$\alpha = 75°$　m）$e = 0.4\text{mm}$，$\alpha = 90°$
n）$e = 0.6\text{mm}$，$\alpha = 90°$　o）$e = 0.8\text{mm}$，$\alpha = 90°$

对于 α 为 45°~90°的时候，随着偏距的不断增长，喷射的径向气流在垂直方向上发生偏移，这就明显地提高了喷射气流的入射角，同时减少了因与壁面发生碰撞而导致的气流强度降低。因而此时将会在退捻管内形成显著的周向气流，而对应的速度环量 $\varGamma\_L$ 的数量级保持在 10^{-2}。

从速度环量的计算结果以及同一偏距不同旋转角的分析可以看出，只要主气流方向的喷射气流相对退捻管壁面具有合适的入射角，就能够在退捻管内形成理想的周向气流场。根据对不同的偏距下旋转角超过 45°的工况分析可以看出，一个较大的偏距将会促使周向气流变得更加明显。然而，随着偏距 e 的不断增长（旋转角为 45°~90°时），气流与壁面的碰撞将会减弱，这在一定程度上增加了旋转强度，并有可能导致纱头的过度退捻；相反，当气流场满足旋转强度的时候，即便是能够促进纱头的退捻，由于气流场中心的偏移，可能会使得纱头退捻过程中纤维的断裂。仿真结果和分析表明：气流场最合适偏距 e 接近于 0.6mm、旋转角接近于 60°的情况。

为了验证由偏距 e 和旋转角 α 所影响的气流入射角度 $\Delta\theta$ 对退捻腔内周向气流强度以及最终纱线退捻效果的影响，进气喷嘴的旋转角为 60°，偏距分别为 0.2mm、0.6mm 和 0.8mm 的三个退捻腔（见图 5-14c）被设计并制造出来进行试验研究。试验的进气压力 $P = 0.55\text{MPa}$，退捻时长 $T = 150\text{ms}$。为了清晰地揭示由不同的结构参数的退捻腔诱导下腔内轴向和周向气流对纱线退捻效果影响的差异，由 70D 氨纶长丝作为纱芯，外包英制纱支为 30 的棉加捻纺成的高弹性包芯纱被选为试验纱线样本。

图 5-14　纱线退捻观测试验台实物

当 $e=0.2$ mm（工况 1）时，随着纱线被切断并随气流进入退捻腔 10ms 后，纱线自由端头在轴向气流的拉伸作用下达到 24.84mm 位置，如图 5-15d 所示。由于该工况偏距较小，使得退捻腔内周向气流作用于纱线端头的扭转力较小。在经历 80ms 后，纱线的端头开始解捻，如图 5-15g 所示。然而，在仅仅经历 16ms，腔内纱线的纤维成功解捻并扩散开来，如图 5-15j 所示。图 5-16a 显示的是由扫描电镜观测的在工况 1 下纱线端头退捻的外貌。很显然，此时纱线端头并不是充分退捻。从顶端纤维的外观状态，可以认为此时的周向气流强度相对较弱，导致它难以克服由纤维退捻形成的内在应力和由轴向气流产生的牵引力所构成的合力。

当 $e=0.6$ mm（工况 2）时，在纱线稳定阶段，纱线自由端头在退捻管中的长度大约为 19.65mm，如图 5-15e 所示。相对工况 1，工况 2 的腔内的轴向气流强度较弱，而旋转强度反而变高。在 74ms 的时候，纱头处的纤维完全退捻，如图 5-15h 所示。另外，从图 5-16b 可以看出，纱线端头的纤维明显散开。

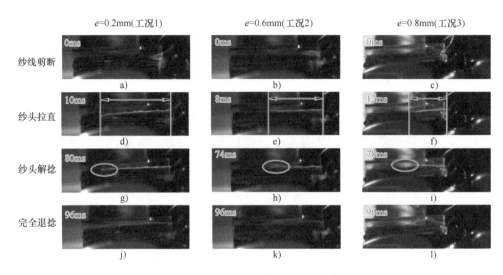

图 5-15　不同工况下的纱线退捻过程

　　当 $e = 0.8$mm（工况 3）时，纱线在稳定阶段退捻腔内的长度接近 14.38mm，明显短于工况 1 和工况 2，这就意味着轴向气流的强度比工况 1 和工况 2 都要弱，同时由于较强的旋转气流存在，纱线到达稳定阶段的时间更长，为 12ms。而且如图 5-16c 所示，纱线端头纤维出现了明显的过度退捻，这主要是由于此时退捻腔的偏距太大，使得由纤维退捻形成的内在应力和由轴向气流产生的牵引力所构成的合力不能平衡纤维解捻的扭转力。

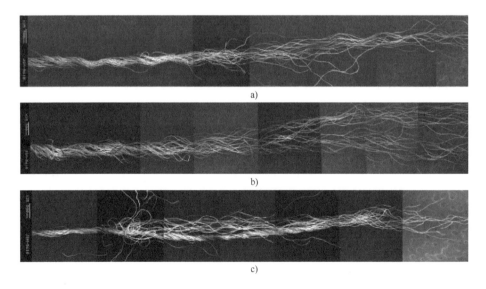

图 5-16　不同工况下纱线端头的退捻外貌
a) 工况 1　b) 工况 2　c) 工况 3

不同工况下纱线端头的退捻外貌如图 5-16 所示。综合工况 1、2 和 3，可以看出随着偏距 e 的增大，在稳定阶段，退捻腔内包芯纱端头的长度将会降低，这就反映了不断减弱的轴向气流强度。此外，通过对比工况 1 和工况 2 下由扫描电子显微镜观测的纱线端头退捻的外貌，可以看出适当增大的偏距将有利于纱线纱头的退捻。然而，对于工况 3，由于此时偏距过大，就导致了纱线过度退捻。因而周向旋转气流强度随着偏距的增大而增大，验证了仿真分析结果的可靠性。另一方面，从纱线纱头退捻形貌可以看出，纱线的退捻都是从纱线端头开始的。这主要是由于纱线端头本身的内应力较弱，因而本身不需要较大的周向旋转气流就能使得纱线端头完成退捻。随后，一旦纱线端头退开了，散开的纤维促使了周向旋转气流更大的作用面积，因而在很短的时间内，纱线纱头就完全退开了。

本节首先建立了由进气管和进气喷嘴组成的退捻腔的流体仿真模型。并采用 RNG k-ε 模型来模拟由三个结构参数决定的退捻腔内的气流形态。三个结构参数分别为进气喷嘴切角 β、进气喷嘴旋转角 α，以及进气喷嘴中心相对退捻管中心的偏距 e。其中进气喷嘴切角 β 主要是将进气喷嘴喷射出的轴向气流诱导为径向气流。随着切角 β 的增大，径向方向上的气流也会增大。同时径向气流由进气喷嘴进入退捻管后与壁面发生碰撞而转变成周向气流。而进气喷嘴旋转角 α 和偏距 e 共同影响着气流在退捻管壁面上的入射角并以此改变周向气流的强度。当旋转角 α 为 45°～75° 时，随着偏距 e 的增大，周向气流强度也在增大。而当旋转角 α 和偏距 e 都很小时，退捻管内将不会形成有效的周向气流。可是这并不意味着周向气流越强越好，如果周向气流太强，由纱头退捻而产生的内在作用力和轴向气流牵引力的合力将会难以抵制由周向气流引导的纤维的扭转力，可能会导致解捻的纤维进一步反向加捻，造成纤维过度退捻的现象。

5.2 气流加捻

图 5-17 所示为空气捻接器气流加捻过程示意图，图 5-18 所示为纱线加捻过程中的三种外观状态。空气捻接器（简称空捻器）的具体工作流程为：①两根原纱互相重叠且平行地放在空捻器的沟槽内；②一旦空捻器打开进气阀，凸轮机构将在气流作用下运动使得两边的剪纱器将各自的纱线在尾端处剪开；③来自进气管中的压缩空气会将两个端头各自吹入退捻管中，纱线端头在其中气流作用下完成退捻阶段；④两边的夹纱器推杆和牵引杆会分别拖拽对应的纱线，以使得两端解捻纤维被水平地引入加捻腔中，此时加捻腔的主腔盖在凸轮

的带动下闭合；⑤空捻器打开加捻气路，压缩空气经进气孔射入加捻腔中形成螺旋气流，解捻纤维在气流作用下互相旋转缠绕，生成捻接纱，捻接完成。

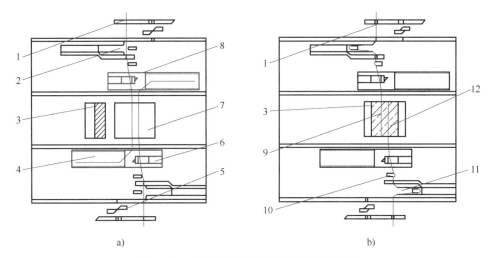

a)   b)

图 5-17　空气捻接器气流加捻过程示意图

a）纱线退捻　b）纱线加捻

1—纱线　2—夹纱器　3—主腔盖开（左）、关（右）　4—退捻管　5—剪纱器　6—进气管
7—加捻腔　8—退捻腔　9—进气孔　10—牵引杆　11—夹紧部件　12—加捻腔（内部）

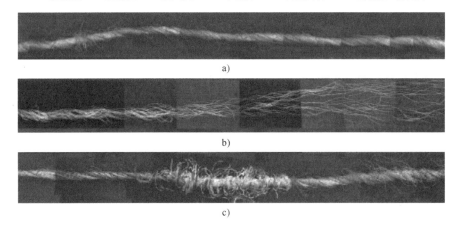

a)

b)

c)

图 5-18　纱线加捻过程中三种外观状态

a）原纱外观　b）解捻纤维外观　c）捻成纱外观

5.2.1　加捻腔体

图 5-19 所示为空捻器的加捻腔，其流道结构由入口流道、加速流道、旋转流道及槽流道组成。气流从入口流道进入，经加速流道射入旋转流道中，在旋

转流道中形成螺旋流，最后从中间槽流道两端及旋转流道两端流出。解捻纤维气动拼接就是在旋转流道中发生的。解捻纤维加捻期间，加捻腔处于封闭状态，而且整个捻接过程持续时间短。

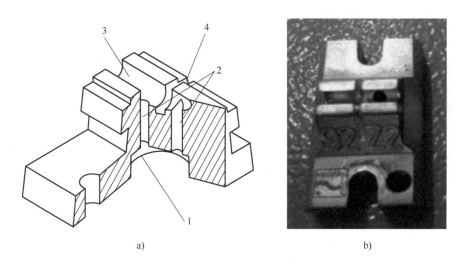

a)

b)

图 5-19　空捻器的加捻腔

a）剖视图　b）实物图

1—入口流道　2—加速流道　3—旋转流道　4—槽流道

加捻腔的三维几何模型和流体计算域如图 5-20 所示。压缩气流由进气流道进入加速流道，形成一股较高流速的射流。随后由于几何结构的诱导，射流与

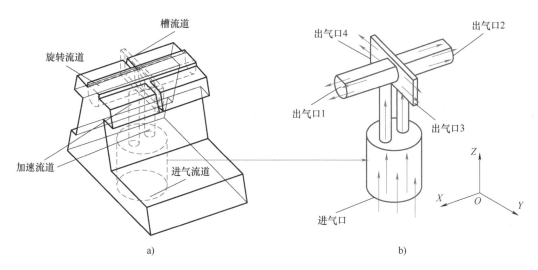

a)

b)

图 5-20　加捻腔的三维几何模型和流体计算域

a）几何模型　b）流体计算域

旋转流道壁面发生切向碰撞而使得旋转流道内形成促使解捻的纤维须条缠绕的复杂气流场。最终气流从四个出口流出，相对应的出气口 1、2 是旋转流道出口，出气口 3、4 是槽流道出口。

5.2.2　流场模型

数值计算是求解由不同偏微分方程组构成的守恒系统（即求解质量守恒方程、动量方程和湍流方程等）的重要过程。本文运用流体动力学软件 Fluent 来模拟加捻腔内气流的运动。其中非结构的四面体网格划分法用来离散流体域。RNG k-ε 湍流模型用来描述流场的湍流形态。此外，控制方程组则通过二阶迎风格式转变为微分格式，并由三维压力基求解以改善计算的精确度。数值求解的收敛判据被定义为能量残差小于 1×10^{-6}，而其他物理量的残差值小于 1×10^{-3}。

虽然影响纱线捻接质量的参数很多（加捻时长、叠合长度、加捻腔结构等），但是对于固定的加捻腔，腔内的气流分布特性则主要是由进气压力来主导的。因此，为了分析不同进气压力下加捻腔内的气流特性，加捻腔进气口被设置为压力入口边界，压力分别为 0.50MPa、0.60MPa、0.70MPa 和 0.8MPa，进气方向为垂直于进气口截面。所有的出气口设置为压力出口边界，值为 0.1MPa。加捻腔的各个壁面设置为无滑移和绝热的边界条件。

5.2.3　流场分析

1. 包缠气流形成

图 5-21 所示为压缩气流在加捻腔内的流线轨迹图。正如图中所描绘的，一股压缩气流由进气口流入加速流道，随着加速流道横截面相对于进气口的截面面积的减少，气流进入旋转流道的速度将会变大。最终气流沿着旋转流道的圆形壁面形成由轴向速度和周向速度组成的螺旋流，并由 4 个出气口流出。显然，由加速流道引导的两股反对称的喷射气流来确保在旋转流道中形成的螺旋流的旋转强度，而螺旋流周向方向的气流强弱则决定了作用在解捻纤维须条上的包缠力的大小及最终捻成纱的捻接质量。

图 5-21　加捻腔内的气流的流线轨迹图

加捻腔不同位置的横截面示意图如图 5-22 所示，为了分析螺旋流的流场特性，四组相互对称的横截面被截取出来。截面 A—A（A'—A'）被选择来描述由加速流道立即进入旋转流道后的气流特性。截面 D—D（D'—D'）被选择来描述临近旋转流道临近出口处，气流相对于解捻纤维须条尾端的运动。截面 B—B（B'—B'）和 C—C（C'—C'）则被设置在截面 A—A（A'—A'）和 D—D（D'—D'）之间用来观测螺旋流的发展情况。

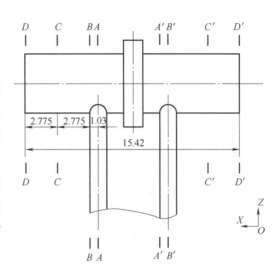

图 5-22　加捻腔不同位置的横截面示意图

当进气压力为 0.5MPa 时，旋转流道各个横截面上的周向速度分布如图 5-23 所示。相互对称的两个截面拥有除了速度方向外，其他流场特征均相同的气流分布。此外，每个截面上都存在一个明显的涡旋，且周向速度由中间向两边减弱。

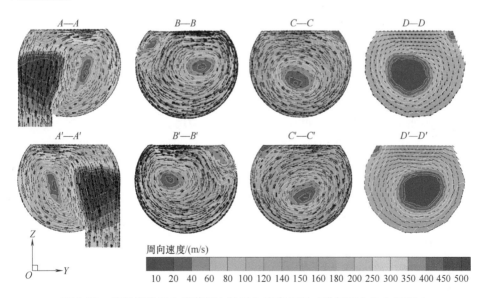

图 5-23　旋转流道各个横截面上的周向速度分布（进气压力为 0.5MPa）

一旦参与退捻的纤维以叠合的方式拖拽进加捻腔内，由螺旋流产生的周向力将会迫使退捻的纤维以螺旋的形式相互包缠在一起。为了分析解捻的纤维须条在涡旋气流场内的包缠行为，纱线在螺旋场内运动的横截面示意图被标识出来，如图 5-24 所示。在周向气流的作用下，解捻的纤维须条将得到一个周向速度。随着气流在周向方向的驱动，解捻须条将会逐步包缠到原纱条干，同时随着须条不断地包缠，接合的区域变得更加紧密，这就实现了纱线的捻接。

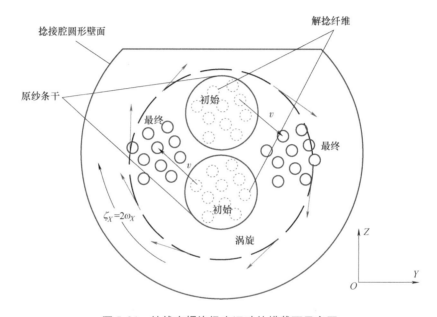

图 5-24 纱线在螺旋场内运动的横截面示意图

因而，旋转流道不同横截面的涡旋分布，将决定解捻纤维的包缠效果。在加捻的最初阶段，解捻的纤维被拖拽到截面 D—D 附近，如图 5-25 所示。因为纤维自由端的内在应力比较小，所以在螺旋气流的驱动下纤维须条端头能够轻易地缠绕在原纱条干，并形成螺旋状的缠绕环。随着螺旋环的数目增多，解捻须条的纤维沿着轴向方向的长度将会减少，所以此时包缠的解捻纤维端头将会位于截面 D—D 和截面 B—B 之间。因此，这个区域内的气流特性是促使宽松缠绕的纤维进一步地紧密包缠的重要因素。

2. 进气压力对包缠力的影响

为了进一步分析不同截面上的涡旋分布对解捻纤维包缠效果的影响，螺旋流在 X 轴方向上的涡量 ζ_X 被引入来表述不同截面位置的涡量场分布

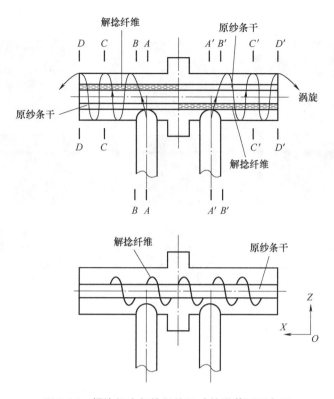

图 5-25　螺旋场内解捻纤维运动的纵截面示意图

$$\zeta_X = 2\omega_x = \frac{\partial \omega}{\partial y} - \frac{\partial v}{\partial z}$$

式中，ω_x 为 X 轴方向上的角速度。

　　考虑到大多数的解捻纤维主要分布在截面 B—B 和 D—D 之间，在不同进气压力下的截面 B—B、C—C 和 D—D 上的涡旋涡量分布如图 5-26 所示。在图例中，负值意味着涡旋为顺时针方向旋转，相对的正值则表示涡旋的旋转方向为逆时针方向。根据涡量的分布特性，三种不同类型的区域被明显地划分开来，分别是区域 Ⅰ、Ⅱ 和 Ⅲ。区域 Ⅰ 内的涡旋都是沿着顺时针方向旋转的，且相对于其他两个区域的涡量值较小。而相对较高的涡量主要分布在区域 Ⅱ 处。同时由于气流与圆形壁面碰撞的缘故，区域 Ⅲ 存在不同方向上的涡旋，因此涡量在区域 Ⅲ 的分布比较混乱。由于大多数解捻纤维分散在区域 Ⅰ 和 Ⅱ，因而在这两个区域的涡旋将会扮演重要的作用，即形成合适的包缠力来促使解捻须条相互包缠以得到理想的捻成纱。

　　由图 5-26c 可以观察到在截面 D—D 上，区域 Ⅰ 和 Ⅱ 在不同进气压力下的涡量分布是相差无几的。而当解捻纤维引入加捻腔时，纤维端头部分主要分布

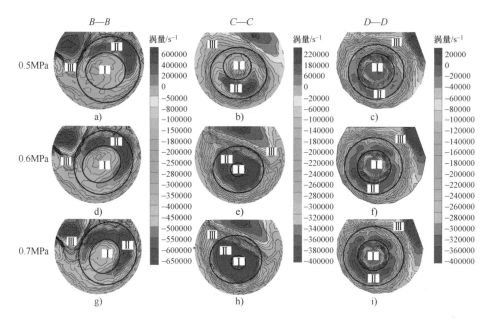

图 5-26　不同进气压力下的截面 B—B、C—C 和 D—D 上的涡旋涡量分布

在临近截面 D—D 的区域。因此，包缠效果的差异在初始的加捻阶段并不是十分的明显。因而三个进气压力条件下的周向气流都能够使得纤维端头轻松地缠绕在相向的原纱纤维条干上。伴随着解捻纤维初始的缠绕，纤维端头部分将沿着轴向方向向内部收缩。因而截面 B—B 和 C—C 的涡量分布特性将会变得更为的重要，将决定最终解捻纱线的包缠效果。比对图 5-26b、e 和 h 可以发现，在截面 C—C 上的涡量分布随着进气压力的增大有明显的不同。更高的进气压力有利于形成一个更强的涡旋，这就解释了区域 Ⅰ 和 Ⅱ 的涡量分布更多的原因。同样在截面 B—B 上也能够观察到相似的情况。此外，随着涡旋强度的增大，作用在原纱条干上的解捻纤维的包缠力也会增加，这就导致了不同的包缠效果以及相应的捻接强度。

3. 包缠力对包缠效果的影响

通过之前的分析可以看出不同的进气压力将会形成不同的涡旋分布，进而改变作用在解捻纤维须条上的包缠力。图 5-27 所示为三种工况（不同进气压力）形成的不同包缠力作用下的捻成纱的包缠模型。其中 F_W 是促使解捻纤维缠绕在原纱条干上的包缠力。为了研究包缠力对最终包缠效果的影响，捻成纱受拉伸载荷作用下的受力示意图被绘制出来，如图 5-28 所示。力 F 为作用在纱线端头的拉伸力；F_R 为捻成纱抵制拉伸力的合力；F_N 为作用在原纱条干上的解捻纤维的正压力；F_E 为捻成纱的弹性力，主要包括解捻纤维（F_{E2}）和原纱条干（F_{E1}）的弹性；f 为包缠区域纤维包缠形成的摩擦力。

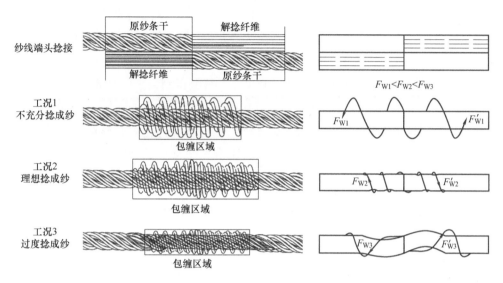

图 5-27　三种工况（不同进气压力）形成的不同包缠力作用下的捻成纱的包缠模型

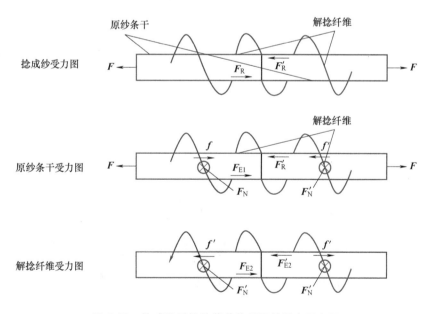

图 5-28　捻成纱受拉伸载荷作用下的受力示意图

显然，包缠力 F_W 决定了捻成纱的包缠效果以及其最终抵制拉伸载荷 F 的合力 F_R。在图 5-27 中的工况 1 下，由于进气压力较小，包缠力 F_W 相对较弱，使得包缠区域解捻纤维的缠绕比较宽松，对应的纤维间的摩擦力 f 较小（由于正压力 F_N 较小）。因此，此时的捻成纱在受外力拉伸之后，解捻纤维将会很轻易地滑落，使得捻成纱在包缠区域断开。而此时的弹性力 F_E 也无法发挥作用。这类捻成纱鉴别为不充分捻成纱。在工况 2 下包缠力 F_W 变大了，捻成纱在受载的情况下，解捻纤维的滑落现象将会消失。在这种情况下，由于捻成纱的弹性力 F_E 以及包缠区域纤维间更大摩擦力 f 的存在，将会得到一个更高的捻成纱强度。在工况 3 下，由于包缠力太大，就使得包缠区域原纱条干的弹性力减弱，由于解捻纤维强度包缠使其过度屈服，失去弹力，这就使得包缠纤维直接承受拉伸力 F。因此，最终捻成纱的接合强度相对工况 2 将会更低一些，而这类对应的捻成纱区分为过度捻成纱。

5.2.4 槽宽对捻接性能的影响

1. 腔体设计

根据前一小节的描述，加捻腔的结构影响着腔内气流旋转特性，而气流特性又决定着加捻效果。改变槽流道的宽度，旋转流道内的气流分布也会受到影响，进而其内的纤维旋转缠绕过程必然不同，最后捻接接头的质量将受到影响。因此，本节以槽宽为几何参数变量，设计三种不同槽宽的捻接腔体，腔体按照一定比例放大并加工成透明腔体（见图 5-29）。随后，运用 Fluent 软件分别对腔内的气流进行仿真。期间，通过搭建试验台测试入口气压的质量流量对 Fluent 仿真结果的有效性进行验证。最后，详细分析不同腔内的气流特性之间的差异。

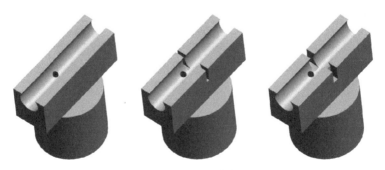

图 5-29　三种不同槽宽的加捻腔模型（槽宽分别为 0mm、1mm、2mm）

利用 HyperMesh 软件对三个计算域划分流体网格并为其创建流动边界。因为对于 Fluent 求解器而言，有针对性地生成结构网格能够提高关键计算节点解的收敛性和光滑性，同时还能提高计算效率。所以结合本腔体的几何形状，计算域主要采用结构体网格划分。由于纱线加捻是在旋转流道中完成的,旋转流道内的气流特性至关重要,故旋转流道相比于其他流道而言,网格划分密度需要增大(见图 5-30b)。另外,为了降低计算消耗,扩展块的网格划分更为稀疏。图 5-30a 和 c 显示了有槽腔体条件下的入口和出口两个边界:入口边界(Inlet 1)和出口边界(Outlet 1~4)。不难想象,腔体 1 的流体域边界出、入口边界为:出口边界(Outlet 1、3)以及入口边界(Inlet 1)。加捻腔体 1~3 的计算域网格数量分别约为 270 万、340 万和 330 万。为了计算加捻腔体内的气流流动,对于每个腔体,施加压力进口边界条件在进气口边界上(Inlet 1),其压力设置为 0.5MPa。气流入口方向垂直于进气端面。出口端面都被设置为压力出口边界条件,其值设置为 1 个大气压(1 个大气压强值为 1.01325×10^5 Pa)。此外,防滑和绝热边界条件被设置在计算域壁面上。Fluent 仿真采用 3D 模型下的压力基求解器,采取二阶迎风格式对控制方程进行离散以提高方程的精度。能量的残差值收敛标准被设为 1e-07,其余物理变量残差收敛标准设为1e-04。

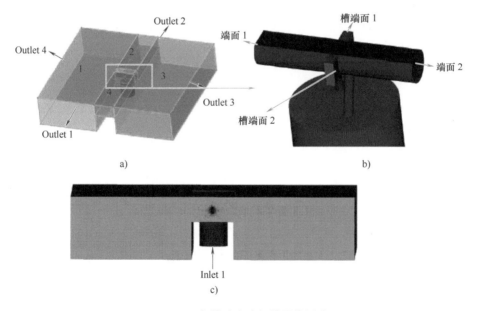

图 5-30 加捻腔内流场域网格划分

图 5-31 所示为三个加捻腔实体,采用亚克力板为材料定制成透明结构体,并对腔体观察表面进行抛光处理,如旋转流道表面、槽内表面、加速流道及进气孔表面。如图 5-31a 所示,在纱线加捻试验中,左右两个固定板握持住加捻纱线,起到夹紧纱线的作用。一个透明板通过四个螺栓连接紧紧覆盖在加捻腔

旋转流道上。这种加捻模型不仅能够方便地将纱线放置于腔内旋转流道中，而且保证了流体域形成的有效性。

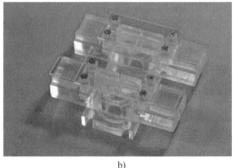

a)   b)

图 5-31   三个加捻腔实体

2. CFD 有效性验证

图 5-32 所示为纱线捻接试验台示意图。试验设备由空气压缩机、压力调节阀、储气罐、电磁阀和空气捻接设备组成。其中，设置压力调节阀于指定的气压值可以使得储气罐中充满指定气压的气体，从而用来控制纱线加捻气压。纱线加捻时间是用置于存气罐出口处的电磁阀来控制的。

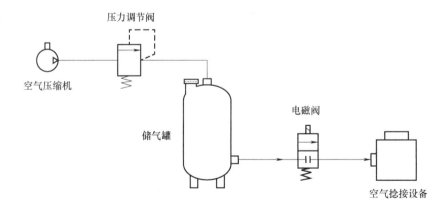

图 5-32   纱线捻接试验台示意图

在纱线加捻过程中，气流对纤维旋转缠绕起决定性作用。加捻腔内气流仿真的有效性是至关重要的，它直接影响到腔内气流特性分析。因此，对于三个腔体内的气流仿真结果，需要采取相关试验对流体仿真进行验证。基于等温容器放气法搭建试验平台（见图 5-33），对加捻腔进气口的质量流量进行测量。试验选取槽宽为 1mm 的加捻腔，将其安装在加捻设备中。设置试验的进气压力

为 0.5MPa。通过计算机的上位机软件
控制下位机以完成整个的加捻试验，
纱线捻接过程中排气量及进气压力的
质量流量显示于软件界面上。试验测
得，0.5MPa 下的进气压力的质量流量
约为 5.96g/s。利用 Fluent 的后处理功
能可以取得槽宽为 1mm 的加捻腔入口
的进气质量流量为 5.811g/s。通过计
算可得，仿真数据与试验数据之间的
波动小于 5%，这表明，该腔内流体仿
真可认为是有效的。因此，加捻腔内
气流仿真结果可用于接下来的分析。

图 5-33   质量流量测试试验台

3. 气流差异分析

纤维在旋转流道内的旋转缠绕行为直接由腔内螺旋流决定。为了比较不同
槽宽下气流特性之间的差异，首先需要对螺旋流在纤维运动中所起的作用进行
分析。而螺旋流可被看成由周向气流和轴向气流组成，下面将具体分析这两个
气流分量在纤维中所起的作用，以理解纤维旋转缠绕过程。

图 5-34 所示为气流对纤维旋转的作用分析。如图 5-34a 所示，截面 *A-A* 和
B-B 分别被选取用来观察周向气流和轴向气流。由于试验中所选用的长纤维是
具有极大长径比特征的柔性体，气流场中的纤维将会在每个迎风段受到气流对
其的气动力作用。如图 5-34d 所示，分析红色纤维束，当纤维的自由端处于周
向气流作用时，由于迎风面积 S_c 的存在，纤维会受到周向气动力 F_c 的作用，
使得纤维发生旋转运动。同时，纤维自由端还受到轴向气流的作用，此时，轴
向气流将会作用到迎风面积 S_a，轴向作用力 F_a 将会产生，这将会使得纤维自由
端被拉直。因此，在纤维气动加捻过程中，红色纤维束在周向力作用下会沿着
对面的纱线旋转，红色纤维缠绕圈形成，当纤维与纤维接触后，纤维间产生摩
擦力，然后纤维不断旋转缠紧，进而纱线拼接接头的雏形生成。然而，由于纤
维在期间还受到轴向力的作用。相比于轴向力 F_c 起的促进作用，由于在纤维旋
转过程中 F_a 拖拽纤维自由端，阻碍纤维旋转，故 F_a 起着阻碍接头形成的反效
果。总之，在纱线加捻的关键旋转阶段，捻接纱的拼接效果由轴向气流和周向
气流共同作用决定。因此，分析加捻腔内的螺旋流特性就需要先对对应的两个
气流分量加以分析。

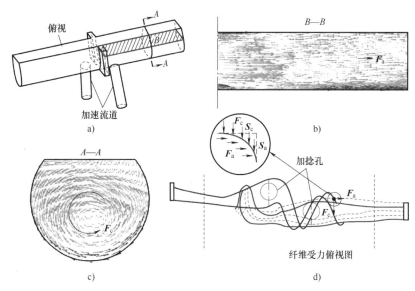

图 5-34 气流对纤维旋转的作用分析

考虑到周向和轴向气流在纤维捻接过程中的不同作用，需要对比分析不同槽宽下的周向和轴向气流强度。其中，速度环量被用来表征周向气流，轴向平均速度用来描述周向气流。另外，参数 R_{spiral} 被提出用于描述两者之间的关系以供分析不同槽结构下旋转流道内螺旋流的不同特性。速度环量是指流体的速度沿着一条闭曲线的路径积分，可为气流旋涡强度的量度，通常被用来描述漩涡场，故用其来描述周向气流的强度。计算公式如下

$$\Gamma = \oint_L v_c \mathrm{d}L \tag{5-1}$$

式中，v_c 为周向气流速度；L 为闭合路径。

旋转流道截面的平均速度可通过式（5-2）计算得出，其被用于描述轴向气流的强度。

$$\bar{v}_a = \frac{\iint_D v_a \mathrm{d}S}{S_D} \tag{5-2}$$

式中，v_a 为轴向气流速度；D 为指定的旋转流道截面；S_D 为截面面积。

最后，R_{spiral} 可用式（5-3）来表达

$$R_{\text{spiral}} = \frac{\Gamma}{\bar{v}_a} \tag{5-3}$$

式中，Γ 为加捻管道截面的速度环量；$\bar{v}_a$ 为轴向平均速度。

本节选用三个不同位置的平面分别对三种腔体内旋转流道进行截面，对截

面上气流进行后处理。图 5-35 显示的是三个腔体对应的流体域模型。对三种旋转流道内的气流进行截面的选取如图所示，三个平面的位置分别是 $z = 4.0\text{mm}$、8.0mm 及 12.0mm，记为 Plane 1，Plane 2 和 Plane 3。

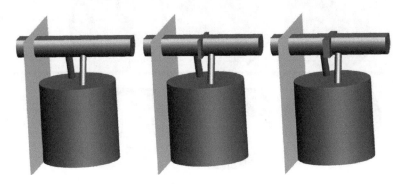

图 5-35　三个腔体对应的流体域模型

图 5-36 所示为三个腔体内旋转流道中三个截面上的轴向气流速度分布云图。三种加捻腔体槽宽度存在差异，气流会从槽两端以不同的气体量逸出，从而对周向气流和轴向气流强度产生一定的影响。根据之前的分析，腔内轴向气流会拉直纤维的自由端从而阻碍纤维旋转。对比图 5-36a 和 b，发现当将捻接腔在中间开槽后，Plane 1 处截面的轴向速度会立即下降。随着槽宽增大到 2mm，腔内气流在此处的截面下降的尤为明显（见图 5-36c）。再结合比较三个腔体内 Plane 2 和 Plane 3 处截面上的轴向速度云图，发现随着槽宽度的增加，轴向气流速度都有不同程度的下降。总之，仿真结果表明，加捻腔槽宽度的增加，会使得腔中旋转流道内的螺旋气流的轴向分量大幅度下降。

图 5-37 所示为三个腔体内旋转流道中三个截面周向气流速度矢量图。图中直径为 2mm 的红色圆圈为闭合路径，方向为逆时针，这被用作周向速度环量的计算。从图 5-37a～c 可见，当射流喷入旋转流道中时，气流碰到加捻盖会反弹，进而气流会沿着两个方向运动，形成左右各一个相反方向的漩涡。对比三个腔体内旋转流道位于 Plane 1 处的截面上的周向速度矢量图，可以发现槽宽度的增加对周向气流速度虽有影响，但变化不明显。对比 Plane 2 和 Plane 3 处三个截面上周向气流速度之间的差异，发现周向气流速度似乎并没有因为槽宽增加而大幅度下降。观察 Plane 1～3 上气流的变化，也可以看出气流从加捻孔射入，周向气流在加捻孔附近形成明显逆时针和顺时针的两个漩涡，随着气流向两端流出，靠近出口处只会产生一个涡。总之，仿真结果表明，加捻腔中间开槽后对周向气流速度的影响很小，尽管气流会从槽两端逸出，但是槽宽度的增

加并不会使得周向气流速度急剧降低。

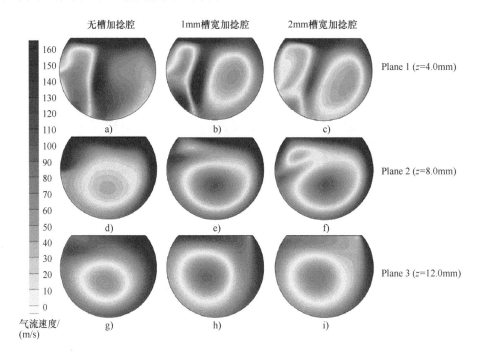

图 5-36 三个腔体内旋转流道中三个截面上的轴向气流速度分布云图

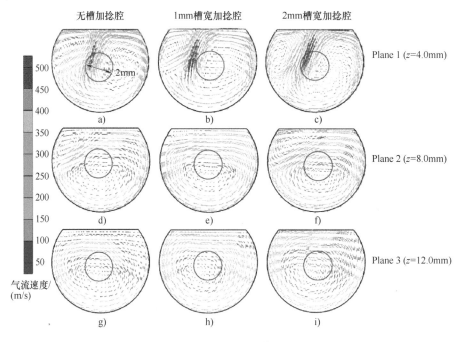

图 5-37 三个腔体内旋转流道中三个截面周向气流速度矢量图

为了更加直观地分析其中的变化规律,三个腔体内旋转流道中三个截面气流的参数见表 5-3。对于 Plane 1 位置上,三个腔体内旋转流道中三个截面上的周向速度环量分别为 $0.714\mathrm{m}^2/\mathrm{s}$、$0.697\mathrm{m}^2/\mathrm{s}$ 和 $0.667\mathrm{m}^2/\mathrm{s}$,它们的轴向平均速度分别是 $65.8\mathrm{m/s}$,$40.6\mathrm{m/s}$ 和 $39.9\mathrm{m/s}$。通过计算可见,1mm 槽宽加捻腔和 2mm 槽宽加捻腔在此处的周向速度环量相比于无槽加捻腔下降了约 2.38% 和 6.58%,而它们截面上的轴向平均速度相比于无槽加捻腔下降率高达 38.30% 和 39.36%。数据再次表明,中间槽宽度的增加,加捻腔旋转流道内轴向气流速度的下降远远高于周向速度环量。Plane 2 和 Plane 3 上的数据亦可表明相同的气流变化趋势。总之,对加捻腔开槽,其槽宽的改变会直接影响到旋转流道中的轴向和周向气流,但是对两者的影响幅度不同。这也是不同几何结构下的加捻腔内气流特性的表现。

表 5-3　三个腔体内旋转流道中三个截面气流的参数

参　　数	平面	无槽 加捻腔	1mm 槽宽 加捻腔	2mm 槽宽 加捻腔
周向速度 环量 $\Gamma/(\mathrm{m}^2/\mathrm{s})$	Plane 1	0.714	0.697	0.667
	Plane 2	0.346	0.334	0.624
	Plane 3	0.274	0.234	0.181
轴向平均 速度 $\bar{v}_a/(\mathrm{m/s})$	Plane 1	65.8	40.6	39.9
	Plane 2	70.7	43.8	35.3
	Plane 3	63.4	37.5	28.2
螺旋比 R_{spiral}	Plane 1	1.08×10^{-2}	1.59×10^{-2}	1.92×10^{-2}
	Plane 2	4.89×10^{-3}	7.63×10^{-3}	9.19×10^{-3}
	Plane 3	4.32×10^{-3}	6.24×10^{-3}	6.42×10^{-3}

气流螺旋比 R_{spiral} 被用来描述这三种加捻腔内的气流特性,以分析槽宽对加捻腔内气流的影响。表 5-3 显示了三个腔体内旋转流道中三个截面气流的 R_{spiral} 的值。为了更清晰地观察三个腔体中不同截面上该值之间的差异,不同腔体内气流螺旋比的折线图,如图 5-38 所示。三条曲线表明了相同的一个趋势:对于这三个腔体,在同一个截面上,随着槽宽度的增加,腔内气流的 R_{spiral} 的数值将会增大。另外,对于每个加捻腔,离气流出口越近处截面上的 R_{spiral} 的数值越大。总的来说,从这三个腔体内部气流分析来看,槽越宽,腔内的螺旋比越大。

鉴于前面纤维在腔内运动的讨论,纤维在腔内旋转流道中会受到周向气流作用力 F_c 和轴向气流作用力 F_a 的作用。螺旋气流周向和轴向分量作用效果不

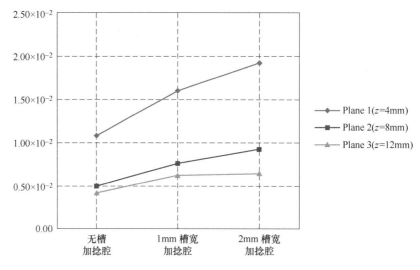

图 5-38　不同腔体内气流螺旋比的折线图

同，其中周向气流促进纤维自由端旋转，轴向气流拖拽纤维自由端阻碍其旋转。
R_{spiral} 的值变化可被用来描述螺旋气流的特性，即象征腔内周向气流与轴向气流
间的关系。因此，R_{spiral} 也可被尝试用来评估纤维的旋转效果。具体分析三个腔
体内的气流特性间的差异。可知，相较于其他两个加捻腔体，无槽加捻腔内气
流的 R_{spiral} 的值是最小的。这意味着，处于无槽腔内的纤维端将会受到更大的轴
向气流作用力 F_a，该力将会阻碍纤维旋转到对面纱线上，甚至有可能使得纤维
不能紧密旋转缠绕在一起，进而不能形成接头，导致纱线拼接不可靠。但是，
对于 1mm 槽宽和 2mm 槽宽的两个腔体，由于槽结构的存在，旋转流道内的气
流特性被改变，其气流特性的改变可从 R_{spiral} 的数值上得以体现。对它们来说，
轴向气流的明显下降，使得拽力的急剧减少，但其周向气流强度微弱减少，这
就更有利于纤维旋转缠绕，更有可能形成拼接接头，使得纱线拼接性能提高。

　　为了验证气流螺旋比的有效性，对三类腔体捻接效果进行了试验验证。试
验加捻条件为：重叠长度 L_0 为 3.5cm，进口压力 p 为 5atm（1atm =
101.325kPa）以及捻接持续时间 t 设置为 100ms。另外，加捻腔两边各采用四股
原纱作为样纱进行加捻试验。捻成纱性能主要体现在接头的质量，因而对纤维
在不同加捻腔下进行加捻试验后得到的捻接纱需要观察其捻接接头的外观和强
力。因此，纱线加捻试验完成后，还需要对捻成纱进行外观和强力试验。

　　一方面，对于纱线捻接接头外观的试验，用光学相机记录三种情况下的捻
接纱样本接头的外观，用于比较三种情况下接头外观间的差异。为了使接头比

较容易观察，试验中采用不同颜色的原纱混合作为加捻纱线样本（见图 5-39）。在试验的准备阶段，不同颜色的纱线被放在加捻腔体中。另外，对于所得的图片，采用像素映射的方法对接头直径大小进行测量。

图 5-39　腔体试验纱线的准备

　　图 5-40 ~ 图 5-42 分别显示的是在无槽腔体、1mm 槽宽腔体和 2mm 槽宽腔体中形成的捻接纱外观。从图 5-40 中可以清晰地观察到，对于第一种情况下，捻成纱在中间部分并没有一个明显的接头产生。相反，如图 5-41 和图 5-42 所示，在这两种情况下，纤维束的自由端会沿着对象纱线条干紧紧缠绕，在这两种情况中的捻接纱上都可以发现一个完整的接头。此外，图 5-41 与图 5-42 相比，发现第三种情况下纤维似乎更倾向于集中在中部包缠。这三种情况下的拼接纱接头直径分别为 0.976mm、3.338mm 及 4.451mm。

图 5-40　无槽腔体中形成的捻接纱外观

 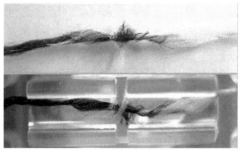

图 5-41　1mm 槽宽腔体中形成的捻接纱外观　　图 5-42　2mm 槽宽腔体中形成的捻接纱外观

当气流射入旋转流道中时，由于气流与壁面发生碰撞及出口压力差的存在，由周向和轴向气流共同作用形成的螺旋气流将会产生。其中，周向气流是促使纤维旋转的动力；而因为轴向气流会沿着轴向将纤维自由端拉直，所以轴向气流阻碍了纤维旋转行为。故这两者气流强度之间的关系将直接导致形成的拼接纱有不同的外观。

在第一种情况中（无槽腔体），其最低的 R_{spiral} 值表明该气流的特性与另外两种情况之间的差异，即相比于其轴向气流强度，其周向气流强度更弱。基于此，在纤维旋转阶段，无槽腔内的纤维自由端无法充分地沿着对面的纱线旋转缠绕。随着加捻腔槽宽度的增加，腔内气流 R_{spiral} 的值也在增大，这意味着气流特性发生改变——周向气流强度相对于轴向气流强度呈增强趋势。这就意味着纤维在该腔内气流作用下的缠绕圈数将会增多。高的 R_{spiral} 值意味着在当纤维在该腔体中气动加捻时，纤维会更加充分地沿着对面纱线旋转缠绕，当有足够的缠绕圈数时，一个明显的接头将会产生。对于第三种腔体（2mm 槽宽），其 R_{spiral} 值是三种腔体之中最大的。这表明，在该腔内的螺旋气流中，纤维自由端主要受到周向气流的作用，其作用远远大于轴向气流。因此，在加捻过程中，这就会导致纤维旋转缠绕更加剧烈，更多的缠绕圈数将会产生。纤维缠绕越密，就更加趋向于在中部缠绕，这就更有可能在拼接纱中部生成一个更大的接头。

总之，气流螺旋比 R_{spiral} 的提出是被用来描述加捻腔中的气流特性的，R_{spiral} 值的变化反映着周向气流强度与轴向气流强度的强弱关系。调整加捻腔体的槽宽结构可以改变 R_{spiral} 值。改变腔体结构以提高气流的 R_{spiral} 值，这意味着纤维在旋转中会充分缠绕到对面的纱线上，有利于纱线加捻后形成一个接头，使拼接纱捻接更可靠。然而，调整腔体结构使得其内气流的 R_{spiral} 值过分增大，这也许意味着腔内纤维将会更加紧密地缠绕在一起，圈数愈多，形成的拼接纱的接头愈大，从而影响拼接纱的外观。图 5-43 所示是三种腔体下加捻后的拼接纱的断裂强力柱状图。一般而言，当评价捻接纱力学性能时，*RSS* 常被使用在文献中。*RSS* 即为捻接纱强度与原纱强度的比值。这种性能评价指标多用于短纤维、有捻度原纱的加捻性能。然而，在本章中，因为原纱的断裂强力取决于聚合物之间的相互作用力，而拼接纱的断裂强力由纤维间旋转缠绕的摩擦力决定，另外，这里研究的重点在于分析三种腔体下形成的捻接纱之间强度的差异，用以研究槽宽对加捻纤维的力学性能的影响。因此，本节直接选用拼接纱线断裂强力来描述捻接纱线的力学性能。

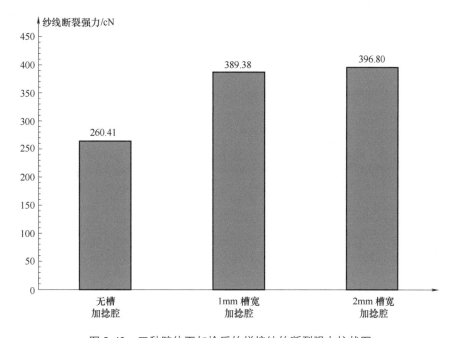

图 5-43 三种腔体下加捻后的拼接纱的断裂强力柱状图

如图 5-43 所示，拼接纱线断裂强力数值总体趋势表明，随着槽宽度的增加，加捻腔中形成的捻接纱的平均断裂强力呈上升趋势。在第一种情况下（无槽加捻腔），捻接纱接头的平均断裂强力最小，约为 260.41cN；而在第三种情况中（2mm 槽宽加捻腔），捻接纱接头的平均断裂强力被测得为 396.80cN，是三种情况中最大的。值得注意的是，对比在第二种情况中（1mm 槽宽捻接腔）形成的捻接纱接头强度（389.38cN），第三种情况下的捻成纱的力学性能似乎增长并不十分明显。但是，第二种和第三种腔体中的捻接纱的断裂强力相比第一种情况下的捻接纱断裂强力增加不少。结合之前对于三种情况下加捻纱外观的讨论，它们强力的增加可被归因于中间接头的生成。此外，试验数据还表明，纤维的过分旋转缠绕并不能大幅度地提高接头的强力。

5.3　腔内纤维运动仿真

5.3.1　流场模型

图 5-44 所示是捻接腔体流体域的三维模型，其中气体的流道主要分为进气通道、加速通道和旋转通道三部分。来自空气压缩机的高速气流通过进气口注入捻接腔体内，经过一段复杂的运动后从两个端面以及槽通道离开捻接腔体。根据气体的运动路径在 SolidWorks 中通过布尔运算切割出流体域运算所需的三维数值模型，简单表示为图 5-44b。

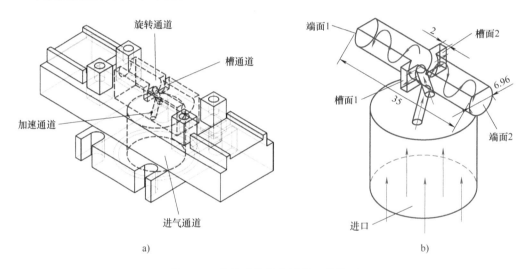

图 5-44　捻接腔体流体域的三维模型

考虑到在实际情况下，气流在流出捻接腔体时仍保持较高的流速，为方便更加精准地设置流体域数值模型的静压边界，在图 5-44b 所示数值模型的基础上向外延伸出如图 5-45 所示的大小为 220mm × 220mm × 50mm 的流体域扩展流域。

在构建出上述的流场模型后，需要先将连续的数值模型离散成若干有限数量的网格单元才能进行后续的 CFD 计算。划分网格单元时，根据实体几何尺寸的不同，可以简单分为一维、二维和三维单元。网格类型分类如图 5-46 所示，二维单元下主要包含三角形和四边形，而三维单元则包含四面体、楔形、金字塔形和六面体。其中二维四边形单元以及三维六面体单元作为结构体网格，具

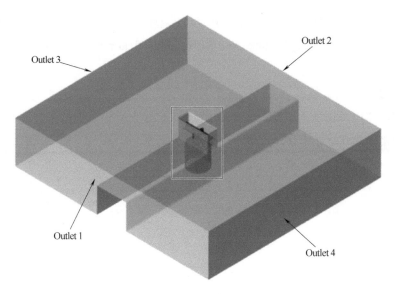

图 5-45　流体域扩展流域

有划分速度快、网格质量高、利于求解及易于收敛等优点，是网格划分时应该
优先选择的类型。

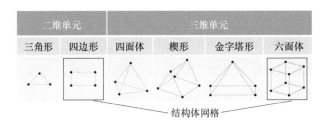

图 5-46　网格类型分类

　　对于整个模型采用基于密度的稳态求解，将进口（Inlet）设置为压力进口，
将四个出口（Outlet 1、Outlet 2、Outlet 3、Outlet 4）都设置为压力出口，其余
边界都设置为静止无剪切的。

　　气体在捻接腔内的流动需要遵循质量守恒（连续）方程、动量方程和能量
守恒方程，同时，由于来自空气压缩机的高速气流在捻接腔体进气口处的最大
速度高达音速，通过计算发现其雷诺数 Re 已经超过 10^4 级，因此捻接腔内的气
体流动被认为是湍流流动。目前处理湍流流动的数值模拟方法主要有直接数值
模拟（DNS）、雷诺平均法（RANS）和大涡模拟（LES）。直接数值模拟
（DNS）通常适用于小 Re 的湍流，而大涡模拟（LES）需要消耗大量的计算资
源，因此本次采用雷诺平均法（RANS）来模拟捻接腔体内的气体流动。根据

Shih 的研究，可以发现 Realizable $k\text{-}\varepsilon$ 湍流模型在旋转均匀剪切流、管道内流动和边界层流动上都明显优于标准 $k\text{-}\varepsilon$ 模型，因此 Realizable $k\text{-}\varepsilon$ 模型更加适用于本次研究。

1. 质量守恒方程

质量守恒是指在单位时间内流体微元质量的增加和减少持平，即质量随时间的变化率为 0，具体方程表示为

$$\frac{\partial \rho}{\partial t} + \frac{\partial (\rho u_j)}{\partial x_j} = 0 \tag{5-4}$$

式中，ρ 是空气密度；t 是时间；u_j（$j = x$，y，z）是三个方向的速度分量；x_j（$j = x$，y，z）是三个方向的位移分量。

2. 动量方程

动量守恒是指流体微元体质量与加速度的乘积与其所受的彻体力和表面力相等，即流体微元动量随时间的变化率等于所受外力之和。具体方程表示为

$$\frac{\partial (\rho u_i)}{\partial t} + \frac{\partial (\rho u_i u_j)}{\partial x_j} = \rho f_i - \frac{\partial p}{\partial x_i} + \frac{\partial}{\partial x_j}\left[\mu\left(\frac{\partial u_i}{\partial x_j} + \frac{\partial u_j}{\partial x_i}\right)\right] - \frac{2}{3}\frac{\partial}{\partial x_i}\left(\mu\frac{\partial u_j}{\partial x_j}\right) \tag{5-5}$$

式中，p、μ 分别是流体微元表面的压力和动力黏度；f_i（$i = x$，y，z）是流体微元彻体力的分量。

3. 能量守恒方程

能量守恒是指流体微元单位时间内内能的变化与外力对微元体所做功及流入微元体的净热量之和相等，可以表示为

$$\frac{\partial}{\partial t}\left[\rho\left(e + \frac{u_i^2}{2}\right)\right] + \frac{\partial}{\partial x_j}\left[\rho\left(e + \frac{u_i^2}{2}\right)u_j\right] = \rho\,\dot{q} + \frac{\partial}{\partial x_j}\left(c_p\frac{\mu}{Pr}\frac{\partial T}{\partial x_j}\right) + \rho f_j u_j - \frac{\partial p u_j}{\partial x_i} + \frac{\partial \tau_{ji} u_i}{\partial x_j}$$

$$\tag{5-6}$$

式中，τ_{ji} 是黏性切应力的分量；e 是流体微元的内能；$\dot{q}$ 是热通量；c_p 是比热容；Pr 是普朗特数；T 是温度。

4. 理想气体方程

在假设彻体力 f_i 和温度 T 已知的情况下，上述三个方程仍存在多个未知待求解参数，为了封闭以上三个方程，需要引入理想气体方程

$$p = \rho R T \tag{5-7}$$

式中，R 是摩尔气体常数。

5. 湍流方程

Realizable $k\text{-}\varepsilon$ 湍流模型中湍流动能（k）和耗散率（ε）的传输方程为

$$\frac{\partial(\rho k)}{\partial t}+\frac{\partial(\rho k u_j)}{\partial x_j}=\frac{\partial}{\partial x_j}\Big[\Big(\mu+\frac{\mu_t}{\sigma_k}\Big)\frac{\partial k}{\partial x_j}\Big]+G_k+G_b-\rho\varepsilon-Y_M+S_k \qquad (5\text{-}8)$$

$$\frac{\partial(\rho\varepsilon)}{\partial t}+\frac{\partial(\rho\varepsilon u_j)}{\partial x_j}=\frac{\partial}{\partial x_j}\Big[\Big(\mu+\frac{\mu_t}{\sigma_\varepsilon}\Big)\frac{\partial\varepsilon}{\partial x_j}\Big]+\rho C_1 S\varepsilon-\rho C_2\frac{\varepsilon^2}{k+\sqrt{\nu\varepsilon}}+C_{1\varepsilon}\frac{\varepsilon}{k}C_{3\varepsilon}G_b+S_\varepsilon$$

$$(5\text{-}9)$$

其中

$$C_1=\max\Big[0.43,\frac{\eta}{\eta+5}\Big],\eta=S\frac{k}{\varepsilon},S=\sqrt{2S_{ij}S_{ij}},S_{ij}=\frac{1}{2}\Big(\frac{\partial u_i}{\partial x_j}+\frac{\partial u_j}{\partial x_i}\Big)$$

式（5-8）和式（5-9）中，μ_t 是湍流黏度；σ_k 和 σ_ε 分别是两个传输方程中的湍流普朗特数；G_k 和 G_b 分别是由层流速度梯度和浮力所产生的湍流动能；Y_M 是在可压缩湍流中由于过大气流扩散引起的波动；ν 是运动黏度；S_k 和 S_ε 是源项。其中的几个常数为 $C_{1\varepsilon}=1.44$，$C_2=1.9$，$\sigma_k=1.0$，$\sigma_\varepsilon=1.2$。

5.3.2 柔性纤维模型

1. 纤维丝有限元模型

纤维丝作为一种典型的柔性体，具有很高的取向性，在拉伸方向的强度远远大于其弯曲刚度，为了方便整个计算过程，选择将其弯曲刚度忽略不计。同时，柔性纤维丝有限元模型如图 5-47 所示，纤维丝是典型大长径比对象，在有限元分析里选用弹性杆（truss）单元来简化模型，赋予其圆形横截面，整个捻接模拟中考虑到纤维丝模型的位移、形变、接触及粘连。

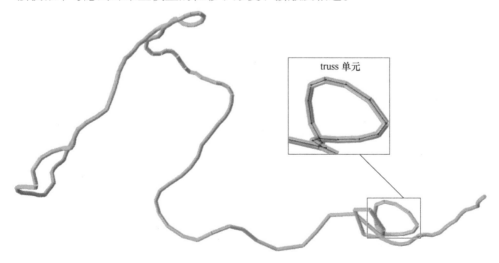

图 5-47　柔性纤维丝有限元模型

在进行固体有限元分析时，整根纤维丝会被离散成一个一个连续的弹性杆单元，每个单元的质量被分解到该单元的每个节点上，每个节点的质量 m_i 可以表示为

$$m_i = \pi r^2 \rho^f \frac{\|r_{i,i+1}\| + \|r_{i-1,i}\|}{2} \tag{5-10}$$

式中，r 是纤维丝圆形横截面的半径；ρ^f 是纤维丝的密度；$r_{i,i+1}$ 是节点 i 和节点 $i+1$ 之间的相对位移矢量；$r_{i-1,i}$ 是节点 $i-1$ 和节点 i 之间的相对位移矢量。

同时，本次研究中纤维丝模型的刚度矩阵可以表示为

$$K = \frac{EA}{\Delta L} \begin{bmatrix} 1 & 0 & 0 & -1 & 0 & 0 \\ 0 & 0 & 0 & 0 & 0 & 0 \\ 0 & 0 & 0 & 0 & 0 & 0 \\ -1 & 0 & 0 & 1 & 0 & 0 \\ 0 & 0 & 0 & 0 & 0 & 0 \\ 0 & 0 & 0 & 0 & 0 & 0 \end{bmatrix} \tag{5-11}$$

式中，E 为纤维丝材料的杨氏弹性模量；A 为纤维丝圆形横截面的面积；ΔL 为弹性杆单元发生变形时的长度变化量。

2. 纤维接触模型

在处理纤维丝之间复杂的接触行为时，首要任务是确定接触是否发生。本次研究使用的接触模型是通过两个单元之间的最短距离来检测是否发生了接触。在获得最短距离 d 的基础上将其与纤维丝直径 $2r$ 做比较，若 $d \leqslant 2r$，则接触发生。在整个捻接过程中会发生复杂的纤维丝相互接触（见图 5-48a），可以简化归纳为三种接触情况：点-点接触、点-线接触及线-线接触。

图 5-48b 描述了点-点接触，采用 Pythagoras 定理来计算单元 I 和单元 J 之间的最短距离

$$d = \sqrt{\Delta x^2 + \Delta y^2 + \Delta z^2} \tag{5-12}$$

式中，Δx、Δy 和 Δz 分别为单元两节点在 x、y 和 z 方向上的坐标值差。

点-线接触的最短距离（见图 5-48c）计算公式可以表示成

$$d = \frac{\|r_{i,i+1} \times r_{i,j}\|}{\|r_{i,i+1}\|} \tag{5-13}$$

当接触发生在线-线之间（图 5-48d）时，通过坐标转换矩阵 P 获得投影在两个单元 I、J 上的长度以及最短距离 d

$$P = \begin{bmatrix} r_{i,i+1} - r_{j,j+1} & r_{i,i+1} \times r_{j,j+1} \end{bmatrix} \tag{5-14}$$

$$\begin{pmatrix} l_1 \\ l_2 \\ d \end{pmatrix} = P^{-1} \cdot r_{i,j} \tag{5-15}$$

式中，$r_{i,i+1}$ 是由节点 i 和 $i+1$ 构成的相对位置矢量；$r_{j,j+1}$ 是由节点 j 和 $j+1$ 构成的相对位置矢量；$r_{i,j}$ 来自节点 i 和 j。

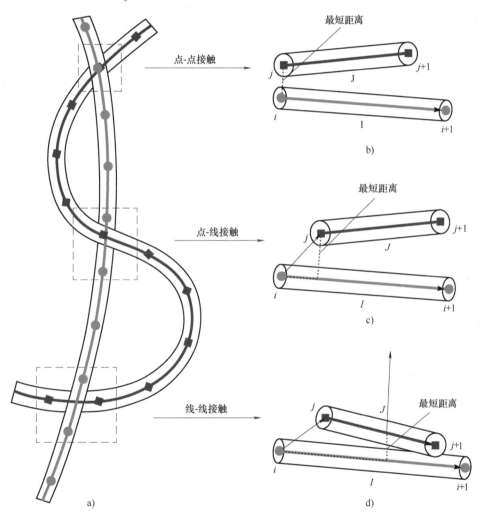

图 5-48　柔性纤维丝接触模型

在保证两个顶点力矩平衡的条件下，将单元受到的接触总反力分解到单元的两个节点上（见图 5-49），施加在单元两个节点上的接触分力的方程表示为

$$F_{r,i} = k'E\left(1 - \frac{d}{2r}\right)l_i \frac{r_{j,j+1} \times r_{i,i+1}}{\|r_{j,j+1} \times r_{i,i+1}\|} \tag{5-16}$$

式中，k' 为罚系数；l_i 为力臂长度。

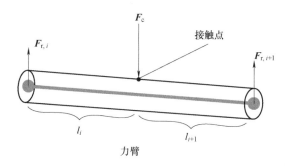

图 5-49 接触力分解图

3. 显式动力学算法

显式动力学算法通过中心差值积分来获得运动方程。在增量步开始阶段，根据动态平衡方程计算出加速度 a

$$a(i) = M^{-1}\left[F_e(i) - F_i(i)\right] \tag{5-17}$$

式中，M 是质量矩阵；F_e 是外力；F_i 是内力。

当前增量步中点处的速度 $v\left(i + \dfrac{1}{2}\right)$ 由加速度的积分和前一个增量步中点处的速度 $v\left(i - \dfrac{1}{2}\right)$ 来确定

$$v\left(i + \frac{1}{2}\right) = v\left(i - \frac{1}{2}\right) + \frac{\Delta t(i+1) + \Delta t(i)}{2}a(i) \tag{5-18}$$

当前增量步计算结束后的位移 $u(i+1)$ 可以通过速度对时间的积分结合当前增量步计算之前的位移 $u(i)$ 得来

$$u(i+1) = u(i) + \Delta t(i+1)u\left(i + \frac{1}{2}\right) \tag{5-19}$$

为了使通过显式动力学算法计算获得的结果准确，其时间增量必须非常小，以便可以在每个增量步中将加速度视为常数。稳定的时间增量为

$$\Delta t_{\text{stable}} = \frac{L_{\min}}{\sqrt{\dfrac{E}{\rho^f}}} \tag{5-20}$$

式中，$L_{\min}$ 是纤维模型的最小单元大小。

5.3.3 流固耦合接口

耦合算法作为流体与固体之间传输数据的中间桥梁，主要任务是在每一时

间增量步处更新节点位移,而这一步骤就需要对流场数据进行读取,并将其转化为相应的气动力。为了能够方便整个仿真模拟的过程,通过 Java 语言编写了相应的耦合程序并配以 SWT(标准部件工具包)编写的 GUI(图形用户接口)界面实现一键输入输出,其 GUI 界面如图 5-50 所示,主要可以划分为六个区域:①标题栏;②菜单栏;③工具栏;④传参区;⑤过程输出区;⑥进度条区。下面简要阐述一下其中流场数据的提取和气流-力转换的关系。

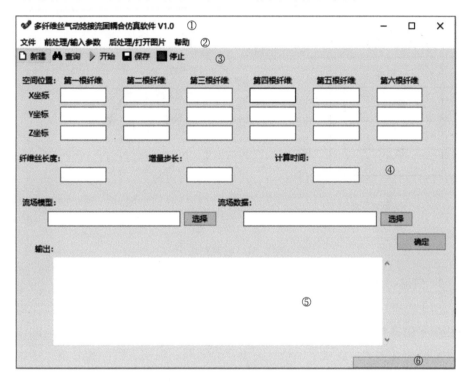

图 5-50　多纤维丝气动捻接流固耦合仿真软件的 GUI 界面

1. 流场数据的提取

在数值模拟过程中,固体纤维丝的柔顺性需要通过减小网格尺寸来获得,而流体域计算的资源消耗会随着网格的变小而急剧增加,因此在实际中必然存在着如图 5-51a 所示的流体与固体计算网格尺寸不匹配的问题,为了在流场数据提取时解决这一问题,选用插值算法来读取每一固体节点所在空间流场的数据。插值,就是通过已知、离散的数据点,在一定范围内推算其他未知数据点的过程。目前,常用的插值算法有线性插值、反距离加权插值、克里金插值等多种,这里考虑到在 CFD 模型中越相邻的数据节点对所求节点的数据影响越大的特性,因此选用反距离加权插值来读取每一固体节点所在空间位置的流场数据。如图 5-51b 所示，其插值步骤主要分为：

1）计算固体纤维丝待求数据节点（P）到此空间位置流体网格（假设为结构体网格，此三维单元共有 8 个节点）每个节点的距离 d_i。

2）计算流体网格每个节点到 P 点的权重 d_i^{-e}。

3）计算 P 点的数据 $f_P(x,y)=\dfrac{\sum d_i^{-e}f_i(x,y)}{d_i^{-e}}$

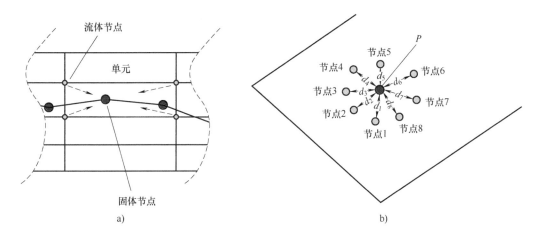

图 5-51　插值算法

2. 气流-力转换的关系

由于纤维丝在气流场中受气流阻力的影响远远大于其他因素，因而在耦合算法中如何将 CFD 模型计算所得的结果（速度 v）转换成固体计算所需的边界条件和载荷（力 F）就成了一个至关重要的问题。根据工程经验分析，纱线在高速气流作用下所受到的阻力大小（F）主要与纱线与气流的相对速度（v）、气流密度（ρ）及迎风面积（A）相关，这里首先根据白金汉 π 定理（Buckingham Pi Theorem）对气流与纱线的阻力表现形式进行推导：

列出并计算当前问题中的所有物理量（其中非独立变量只允许有一个），即 $F=f(v,\rho,A)$，所以总物理量的数量 $n=4$。

列出每个物理量的基本量纲（见表 5-4），求出基本量纲数 m 和基本物理量数 j。

表 5-4　物理量的基本量纲

物理量	F	ρ	v	A
量纲	MLT^{-2}	ML^{-3}	LT^{-1}	L^2

根据表（5-4）可知基本量纲数 $m = 3$，基本物理量数 $j = 3$。

计算 π 的期望值 k，$k = n - j = 4 - 3 = 1$，即存在 1 个无量纲常数 $\varPi$。

选取物理量 v，ρ，A 作为基本变量，$\varPi$ 的表达式表示为

$$\varPi = \rho^a v^b A^c F = (ML^{-3})^a (LT^{-1})^b (L^2)^c MLT^{-2} = M^0 L^0 T^0 \tag{5-21}$$

化简为

$$\begin{cases} M: a + 1 = 0 \\ L: -3a + b + 2c + 1 = 0 \\ T: -b - 2 = 0 \end{cases} \tag{5-22}$$

得：$a = -1$，$b = -2$，$c = -1$。

所以 $\varPi = \rho^{-1} v^{-2} A^{-1} F = \dfrac{F}{\rho v^2 A}$，即为阻力系数 C_d，再结合相关经验公式可将气流-力的关系整理表示为

$$F = \frac{1}{2} C_d \rho v^2 A = \frac{1}{2} C_d \pi \rho v^2 l d \tag{5-23}$$

同时，由于前人在研究中发现圆柱形物体在流场中所受的阻力取决于速度、方向、角度等多种因素，又考虑到弹性杆的力学特性，为了方便后续研究计算，配合着将作用在纤维丝上的气动力沿轴向和法向两个方向进行分解（见图5-52），式（5-23）相应的分解为轴向方程式（5-24）和法向方程式（5-25）。

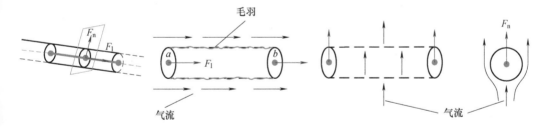

图 5-52　气动力分解示意图

$$F_1 = \frac{1}{2} C_1 \rho S_1 \|v_1\| v_1 = \frac{1}{2} C_1 \rho \pi d l \|v_1\| v_1 \tag{5-24}$$

$$F_n = \frac{1}{2} C_n \rho S_n \|v_n\| v_n = \frac{1}{2} C_n \rho \pi r l \|v_n\| v_n \tag{5-25}$$

$$v_1 = v r_{a,b} \tag{5-26}$$

$$v_n = v - v_1 \tag{5-27}$$

式中，v_1 是轴向上气流与纤维丝的相对速度；v_n 是法向上气流与纤维丝的相对速度；$r_{a,b}$ 是分解单元两节点构成的位移矢量；C_1 是轴向阻力系数；C_n 是法向阻力系数。

5.3.4 捻接算例

捻接是把牵伸后的细丝加以扭转以使纤维间纵向联系固定起来的过程，涉及多纤维丝之间的接触及多物理场之间的耦合作用。

1. 捻接腔内气体的流动特性

（1）捻接腔体 CFD 模型的边界　根据试验中的具体工况，捻接腔体 CFD模型的进口（Inlet）设置总压为 4atm（标准大气压，1atm = 101.325kPa）的压力进口，四个出口（Outlet 1、Outlet 2、Outlet 3、Outlet 4）都设置总压为 1atm的压力出口，其余边界都设置为静止无剪切的，流体设置为三维可压缩黏性气体，湍流模型设置为 Realizable k-ε 湍流模型。

（2）网格无关性验证　为了确定捻接腔 CFD 模型的最终计算结果只受到网格尺寸的有限影响，这里分别划分了不同网格数量的实例（见表5-5），通过设置相同的边界条件和湍流模型进行了流体计算。

表5-5　同一腔体不同计算模型的网格数量

网格数量	实例1	实例2	实例3
捻接腔体	683252	989340	1411826
扩展域	1295110	2224400	2499733
总量	1978362	3213740	3911559

对上述三个实例的计算结果进行如图 5-53 所示的流场切片，分别提取其在 $z = 2\text{mm}$、4mm、6mm、8mm、10mm、12mm、14mm、16mm 平面内的面内平均速度（其具体数值见表5-6），并将所得结果绘制成曲线图（见图5-54），可以发现同一平面内不同网格数量下计算模型的最终结果偏差控制在 5% 以内，从而很好地证明了流体域网格尺寸对最终计算结果的影响非常有限，因而也证明了 CFD 计算结果的准确性。

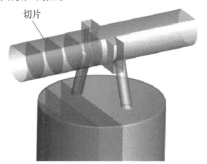

图 5-53　捻接腔体切片

表 5-6 不同网格数量计算模型下同一平面内的面内平均速度

z/mm	2	4	6	8
实例 1 面内平均速度/(m/s)	261.3228	181.4768	128.8146	112.7003
实例 2 面内平均速度/(m/s)	275.1313	180.7393	132.0171	115.6787
实例 3 面内平均速度/(m/s)	272.6586	179.4545	128.2875	115.2632
z/mm	10	12	14	16
实例 1 面内平均速度/(m/s)	92.3227	87.7268	80.5754	73.1167
实例 2 面内平均速度/(m/s)	97.4309	92.0317	85.6559	77.1109
实例 3 面内平均速度/(m/s)	97.6643	92.7752	85.6063	76.4182

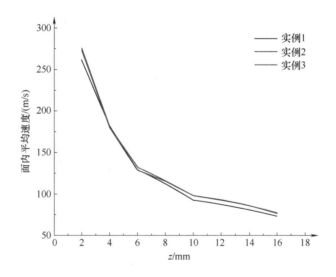

图 5-54　不同网格数量下捻接腔体同一平面的面内平均速度

（3）旋转通道内的气流模式　为了分析出捻接腔内气体流动特性，现对旋转通道不同空间位置进行流场切片，其速度矢量分布如图 5-55 所示。切片与槽平面（$z = 0mm$）之间的距离分别为 0mm（$B'—B'$）、1.11mm（$A'—A'$）、2.61mm（$O—O$）、4.11mm（$A—A$）、8mm（$B—B$）、12mm（$C—C$）和 16mm（$D—D$）。其中，在包含加速通道的 $O—O$ 切片中，经加速通道作用产生的高速气流通过孔口直接注入旋转通道内，当这股射流运动到达盖片后，会在旋转通道壁面处沿着逆时针和顺时针方向形成两个低速周向气流，随后这两个反向的周向气流会在轴向上同时朝着端面和槽平面运动，并且其速度大小随着远离孔口而逐渐减小。在切片 $A'—A'$ 中，流向槽平面的气流形成两个强烈的反向涡旋。

在切片 $B'—B'$（槽平面）中，由于旋转通道的左右结构对称，两个涡旋相互抵消，气流会通过槽通道离开旋转通道。而在另一个方向上，在切片 $A—A$ 中也观察到两个类似的反向涡旋，并且沿顺时针方向的涡流相对较强。随着气流的轴向运动，顺时针涡旋在切片 $B—B$ 中逐渐起主导作用，当气流到达切片 $C—C$ 和 $D—D$ 时，弱涡旋已完全被反方向的强涡旋所取代。

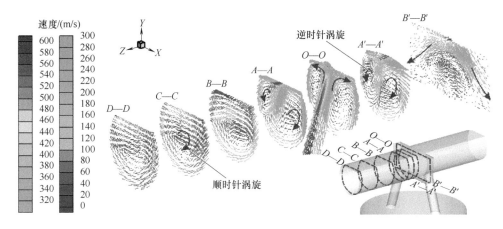

图 5-55 旋转通道内不同切片处的速度矢量分布

2. 捻接过程

图 5-56 展示了通过高速可视化试验平台记录的捻接过程中纤维丝运动状态的序列图像。在准备阶段（0.0ms），两条拉伸纱线以 32mm 的叠合长度（OL）被平行放置在旋转通道中并覆盖住孔口。其中，位于相对进气孔口异侧旋转通道中的纱线端部保持自由状态，而另一端则被夹紧。当打开电磁阀后，高速气流进入旋转通道中形成螺旋气流，位于覆盖的进气小孔同侧旋转通道中的纤维丝部分将受到高速射流作用而发生大的弯曲变形，如图中的绿色虚线（1.2ms）所示，该弯曲变形将同时导致异侧旋转通道中的细丝轻微回撤。当 1.4ms 时，同侧纤维丝向固定端移动，发生了更加明显的回撤现象。与此同时，异侧纤维丝缠绕在相反的纱线周围。在 2.2ms 时，初始接头被观察到。在接下来的时间内（到 100ms），异侧纤维丝继续与相反的纤维丝纠缠以增强接头结构。通过整个图像可以发现，气动捻接是一个非常迅速的过程，其前几毫秒内的纤维丝运动相对于后续过程更加复杂且重要。

（1）捻接初始阶段 为了进一步了解捻接机理，采用数值模拟对纤维丝的运动特性进行了详细分析。由于两股反向的捻接纱线有着相似的变形行为，因此将仅对红色部分的纱线进行讨论。试验准备条件和数值模拟的初始配置如

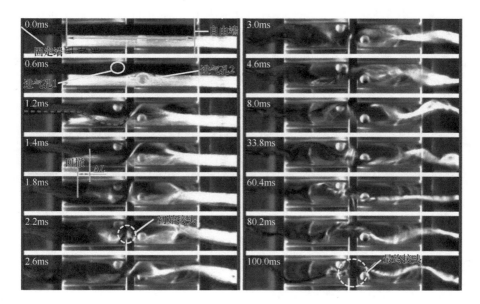

图 5-56　捻接过程中纤维丝运动状态的序列图像

图 5-57 所示，由多丝组成的两股拉伸纱线被平行放置在旋转通道中。为了节约计算资源，假设每一股捻接纱线包含六根细丝。根据实际情况，将仿真模型中异侧旋转通道中的红色细丝端部设置为自由状态，而另一端则被固定。

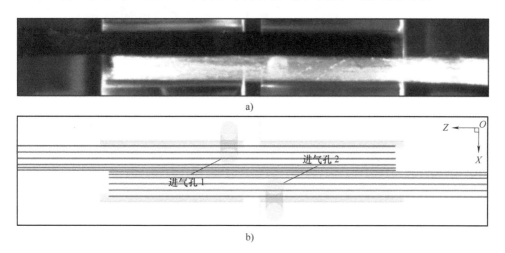

图 5-57　试验准备条件和数值模拟的初始配置

（2）同侧纤维丝弯曲大变形　如图 5-58a 和 b 所示，数值模拟结果和试验图像之间的对比表明纤维丝相对于进气孔同侧旋转通道中的部分发生了弯曲变形。为了更清楚地解释变形行为，选取了图 5-58b 中空心三角形标记的纤维丝进行分析。图 5-58c 是选中纤维丝在 0.4ms 和 0.8ms 时的空间姿态，并且从捻接腔中提取出了包含此纤维丝弯曲变形部分的切片。切片中的空气速度矢量分布以及施加在纤维丝上的空气动力分别绘制在图 5-58d 和 e 中。可以看出，当高速气流喷射到旋转通道中，会撞击旋转通道壁面形成轴向气流，这股来自加速通道的气流在 0.4ms 时会对紫色虚线显示的纤维丝施加强大的横向气动力，如图 5-58e 所示。随后，在进气孔同侧部分的纤维丝发生局部弯曲变形，并且在 0.8ms 时纤维丝会靠近旋转通道壁面，正如红色实线所示。同时，可以发现纤维丝的自由端由于弯曲变形而发生了轻微回撤。此外，还可以发现切片的偏向倾角接近于加速通道的偏向倾角，这意味着高速空气射流对同侧纤维丝的变形起主导作用。

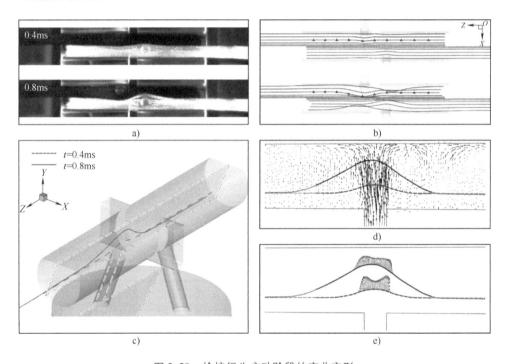

图 5-58　捻接行为启动阶段的弯曲变形

（3）同侧纤维丝向固定端回撤　图 5-59a 和 b 显示了在 1.4ms 和 1.8ms 时纤维丝运动的试验图像和数值模拟结果。随着进一步弯曲，同侧纤维丝在气动力的作用下被推到旋转通道壁面上，并且可以观察到向固定端的明显回撤。图 5-59c 描绘了图 5-59b 中以三角形标记的纤维丝的运动，揭示了正是纤维丝的弯曲部分构成了回撤的主体。从计算域中提取包含纤维丝回撤部分的切片可以发现，该切片几乎平行于旋转通道的轴线（Z 方向），这表明在此阶段是轴向气流起了主要作用。施加在纤维丝上的气流速度矢量分布和空气动力分别如图 5-59d 和 e 所示，纤维丝被气流吹到旋转通道的壁面之后，在其固定端和弯曲部分之间形成了较大的迎风面，由于轴向气流的影响，强大的横向气动力将推动细丝向固定端移动，从而导致回撤现象发生。显然，弯曲变形之后发生的同侧纤维丝向固定端的回撤将会导致两股捻接纱线的分离。

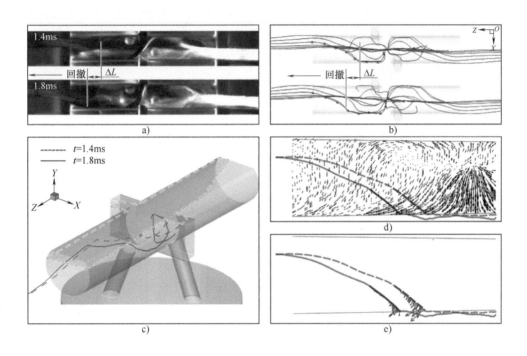

图 5-59　弯曲变形后纤维丝向固定端的回撤现象

（4）异侧纤维丝缠绕　在发生弯曲变形和回撤的同时，在异侧旋转通道中的纱线自由端出现了明显的柔性纤维丝运动。图 5-60a 显示了 2.6ms 和 2.8ms 时的试验图像。由于同侧纤维丝的回撤和强力的周向气流的影响，纤维丝的自由端在回撤到进气孔附近区域的同时也在试图缠住反向的纱线（淡蓝色）。因此，通过切片（$z = -1.5$mm）切割旋转通道来观察异侧纤维丝的运动。将纤维丝在六个不同时刻的空间位置投影在切片上，如图 5-60c 所示，纤维丝上对应的空气动力如图 5-60d 所示。可以发现，在旋转通道中存在的周向气流对异侧的纤维丝产生了很大的横向空气动力，它使纤维细丝沿着圆周旋转，并最终缠绕在反向的细丝周围。由于纤维细丝的柔性所导致的复杂的包裹行为产生了相应的接触力以及两条反向捻接纱线之间的摩擦力。

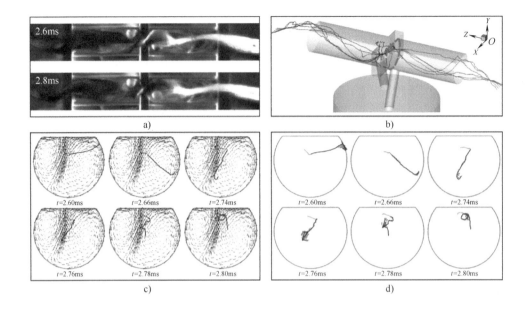

图5-60　异侧旋转通道内纤维丝的缠绕现象

　　根据上述的分析可知，位于同侧旋转通道中的纤维细丝部分被加速通道产生的喷射气流吹动而发生弯曲变形，这将导致沿轴向气流方向出现了迎风面并促使两条捻接纱线的分离。由于螺旋流场的存在，异侧旋转通道中的细丝部分试图缠绕住反向的纤维细丝，柔性细丝之间的相互作用将产生法向接触力与相应的摩擦力。施加在同侧细丝上的分离力与异侧纤维丝缠绕形成的接触-摩擦力之间的竞争关系将决定捻接接头最终是否能够顺利成形。

　　（5）叠合长度对捻接过程的影响　叠合长度（OL）作为捻接过程中一个重要的配置参数，本节将通过数值方法来讨论叠合长度对捻接行为的影响。正如前文所述，旋转通道中不同部分的纤维细丝的变形在接头成形过程中起着重要作用。因此，通过单向FSI数值模型模拟了叠合长度为18mm和28mm下的单根纤维丝的运动，以便更清楚地比较它们的变形行为。图5-61显示了不同叠合长度下单根纤维丝的运动变形。在初始阶段，28mm的纤维丝自由端较长，因为与18mm的相比，其具有相同的夹紧位置和不同的叠合长度。两种情况下的同侧纤维细丝都表现出非常相似的弯曲变形和回撤运动，这意味着两条细丝将在轴向上承受大致相等的回撤力。同时，在异侧纤维细丝上发生了完全不同的变形行为，这可以归根于复杂的螺旋气流与纤维丝柔性特性的结合。由于正是异侧纤维丝的缠绕运动提供了纱线捻接之间的结合力，因此对两种情况下纤维细丝在不同的捻接时间处停留在异侧旋转通道中的长度进行了提取绘制（见图 5-62）。
两种情况下，纤维丝在初始阶段都缓慢回撤到固定端。在 0ms、1.52ms 和 3ms
时，两种情况之间的长度差（ΔL）分别为 5mm、5.016mm 和 5.368mm，这表
明两种情况下的纤维细丝回撤了大约相同的距离，随着同侧细丝部分弯曲变形
程度的增加，回撤速度在随后的 1.5ms 中迅速增加。在 4.5ms 时，18mm 情况
下的异侧旋转通道中没有纤维丝停留，而在 28mm 情况下，还剩余 11mm 的长
度，可以推断出剩余的异侧纤维细丝会缠绕在反向的细丝周围并与它们形成有
效的接触，这将进一步增加结合力，从而有助于接头的成形。

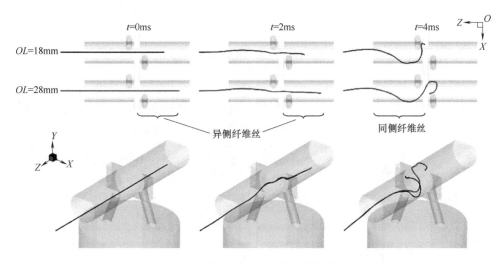

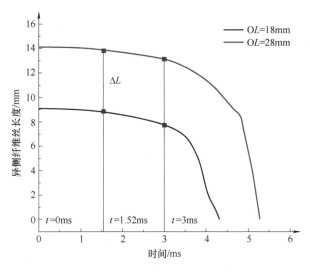

图 5-61　不同叠合长度（OL）下单根纤维丝的运动变形

图 5-62　异侧旋转通道内纤维丝的长度变化

　　为了验证数值模拟的有效性，进行了一组叠合长度分别为 18mm 和 28mm 的对比试验。通过可视化试验台记录的序列图像（见图 5-63）可以发现，当捻接时间小于 1.6ms 时，同侧细丝呈现相似的变形。同时，会将异侧的细丝逐渐拉到固定端并尝试缠绕住反向的细丝。显然，留在异侧旋转通道中的纤维细丝长度在 18mm 的情况下比 28mm 的情况下短。在 18mm 的情况下，两股相对纱线在 5.2ms 时分开，这表明异侧纤维丝不能提供足够的接触力和相应的摩擦力来抵抗施加在同侧细丝上的分离力。相反，在 28mm 的情况下则已经观察到了捻接接头，这是由于异侧纤维细丝和反向细丝之间产生了更强的接触力，试验图像与仿真结果具有很好的一致性。

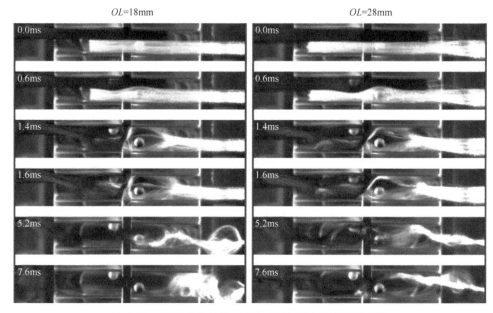

图 5-63　不同叠合长度（OL）下捻接过程的序列图像

　　数值仿真结果表明所提模型能够正确地模拟复杂气流场中纤维丝的运动。纤维丝在同侧、异侧旋转通道中表现出不同的运动特性。位于同侧旋转通道中的纤维丝部分会出现弯曲并因此产生回撤现象，这将导致两股纱线的分离。与此同时，位于异侧旋转通道内的纤维丝正尝试着缠绕上相反方向的纱线以此产生接触摩擦力。正是施加在同侧纤维丝上的分离力以及异侧纤维丝缠绕形成的接触摩擦力之间构成的竞争关系决定了最后的捻接接头是否能够顺利形成。叠合长度（OL）作为捻接过程中一个重要的配置参数，对异侧纤维丝的运动有着更明显的影响，更长的异侧纤维丝长有助于复杂缠绕的形成并产生较强的接触力。

Chapter 6

第6章 转杯纺纱器中纤维的运动特性

6.1 分梳装置内的流场特性

　　分梳是转杯纺纱前的重要步骤,其主要作用是分梳纤维和去除杂质。该阶段工作的主要过程是:在分梳齿作用下,纤维条变成单纤维;同时,杂质会从纤维中分离并经排杂口排除。接着,纤维才继续通过纤维输送通道进入转杯。随纤维进入转杯的杂质会降低转杯纱的质量,所以减少转杯内的杂质会促进纱线质量的提高。此外,纤维输送通道对分梳后的纤维的形态有直接影响。为了改善纱线质量,有必要深入探究转杯纺纱器内分梳装置的内流场和除杂特点。因此,在探究纤维运动前,本章主要就分梳装置的内流场和除杂进行研究。

　　本章以某型号抽气式转杯为参考,经过简化建立分梳装置的二维模型,如图6-1所示。其中的交界面是为便于模拟设立的,把旋转区域分成两部分,主要作用是保持模拟过程中两部分区域的数据交换。图中的线段 *AB* 垂直于纤维输送通道的中轴线。

　　模拟过程中,纤维出口被设为压力出口,而纤维入口、杂质出口和气流进口均被设置为压力进口,这些压力值设为大气压力。纤维输送通道的出口压力,也即纤维出口压力,被设为负压。

　　分梳装置模型的网格划分如图6-2所示。由图6-2可知,计算区域由四部分组成,包括纤维输送通道、除杂区域、进口区域和旋转区域。为使计算更加高效,模型中使用到了混合网格,即包括结构网格和非结构网格。对于该模型,

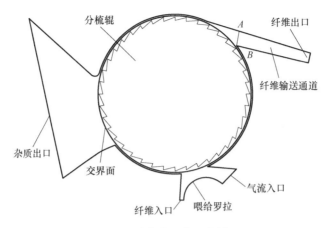

图 6-1　分梳装置的二维模型

结构网格主要分布在纤维输送通道和除杂区域。因为其余区域的形状复杂且不是本章关注的重点，所以使用非结构网格。生成的网格总数约为 15200 个。

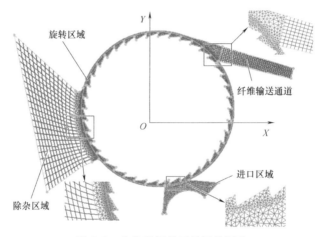

图 6-2　分梳装置模型的网格划分

为了避免网格不同影响模拟，需验证网格无关性。分梳辊入口压力为 0Pa，出口压力为 -2000Pa，分梳辊转速为 7000r/min。用于验证网格无关性的网格数分别选为 15200、32600 和 50500。表 6-1 所示为三组网格监测点的数据。三组网格的静压和速度基本相同，即上述三组网格的计算结果无明显差异。

表 6-1　网格无关性验证

网　格　数	静压/Pa	速度/（m/s）
15200	-1991.70	9.3
32600	-1957.14	9.35
50500	-1959.99	9.46

本节用 DPM 模拟分梳装置的除杂过程。其中杂质出口、纤维出口、纤维入口和空气入口的边界条件设置为逃逸边界。壁面的边界条件设为反弹类型。根据数值模拟的结果，探究不同粒径下最合适的转速。

根据 Murugan[101] 和 Ishtiaque 等人[102] 的研究，分梳辊的转速和除杂密切相关。若分梳辊转速过低，则纤维和杂质分离效果差；若分梳辊转速过高，则纤维容易断裂。所以，为了使得分梳辊转速有充分的代表性，将分梳辊转速分别设为 5000r/min、6000r/min、7000r/min 和 8000r/min。DPM 计算的参数设置见表 6-2。此外，杂质粒子的平均直径为 0.10mm。从纤维入口释放的不同粒径杂质的质量流率（mass flow）服从正态分布规律。

表 6-2 DPM 计算的参数设置

参 数 类 型	参 数 值
纤维出口压力/Pa	−2000
杂质粒子直径/mm	0.01 ~ 0.20
总质量流率/(kg/s)	0.01
杂质粒子的初始速度/(m/s)	0.05

经过杂质出口和纤维出口的不同粒径杂质的质量流率分别如图 6-3 和图 6-4 所示。由图 6-3 可知，不同粒径杂质的质量流率总体上遵循正态分布。比较不同转速下不同粒径杂质的质量流率，分梳辊转速为 5000 ~ 6000r/min 有利于粒

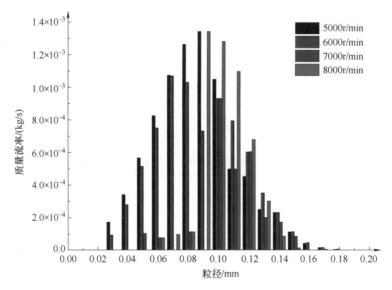

图 6-3 流经杂质出口的不同粒径杂质的质量流率

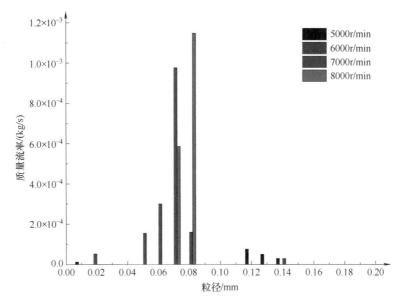

图 6-4　流经纤维出口的不同粒径杂质的质量流率

径为 0.03 ~ 0.09mm 的杂质的去除。而转速为 8000r/min 时，杂质粒径主要分布的范围是 0.09 ~ 0.13mm。图 6-4 表示的是经过纤维出口的不同粒径杂质的质量流率。这表明，分梳辊转速为 5000 ~ 6000r/min 时，并不适合粒径在 0.01 ~ 0.02mm 和 0.12 ~ 0.14mm 杂质的去除。此外，分梳辊转速为 7000 ~ 8000r/min 时，并不适合直径小于 0.09mm 的杂质的去除。

通过杂质出口的质量流率占总体质量流率的比例表示的是除杂率。表 6-3 所示为不同转速下杂质粒子通过各个出、入口的质量流率。随着分梳辊转速的提高，除杂率从 82.5% 降低到 50.9%。经过杂质出口的最低质量流率占总流量的 50.9%。同时，除了 6000r/min 的转速，通过纤维出口的质量流率占总质量流率的比率从 1.7% 增加到 17.3%。由此可推知，不同的分梳辊转速对各粒径的杂质粒子的除杂率不同。

表 6-3　不同转速下杂质粒子通过各个出、入口的质量流率

分梳辊旋转速度/(r/min)	杂质出口		纤维出口		纤维入口		总和	
	质量流率/(kg/s)	百分比(%)	质量流率/(kg/s)	百分比(%)	质量流率/(kg/s)	百分比(%)	质量流率/(kg/s)	百分比(%)
5000	8.25×10^{-3}	82.5	1.70×10^{-4}	1.7	9.38×10^{-4}	9.4	9.36×10^{-3}	93.6
6000	7.58×10^{-3}	75.8	5.30×10^{-5}	0.5	2.08×10^{-3}	20.8	9.70×10^{-3}	97.0
7000	5.96×10^{-3}	59.6	7.68×10^{-4}	7.68	3.25×10^{-3}	32.5	9.97×10^{-3}	99.7
8000	5.09×10^{-3}	50.9	1.73×10^{-3}	17.3	3.18×10^{-3}	31.7	9.90×10^{-3}	99.9

由表6-3可知，有相当数量的杂质粒子从纤维入口逃逸，特别是转速为7000r/min和8000r/min时。在不同的转速下，经过纤维入口的质量流率占总质量流率的比例分别为9.4%、20.8%、32.5%和31.7%。这就说明，这些杂质粒子没有被除去。

图6-5所示为不同转速下靠近纤维入口区域的流线分布。当转速为5000r/min和6000r/min时，最大的涡几乎占据了整个通道的上部分。当转速为7000r/min和8000r/min时，涡比较靠近喂给罗拉，并且占据了部分通道。由此可知，随着分梳辊速度的增加，分梳辊对靠近入口的流场区域的影响更大。这也是杂质粒子没有被除尽的原因。

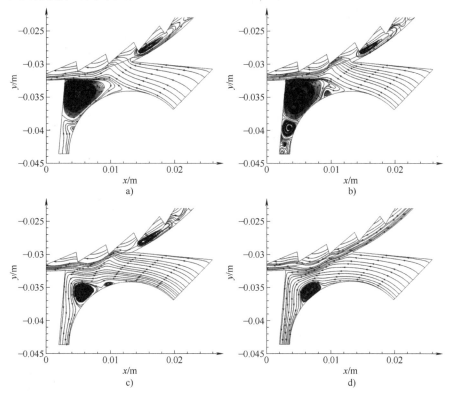

图6-5　不同转速下靠近纤维入口区域的流线分布

a）$n = 5000r/min$　b）$n = 6000r/min$　c）$n = 7000r/min$　d）$n = 8000r/min$

6.2　纤维输送通道内的流场特性

纤维输送通道是纤维进入转杯前的最后一环。纤维输送通道内的气流对于纤维的形态和纱线的质量有很大的影响。所以，本节探究不同出口压力下纤维输送通道内流场的流线和速度。纤维出口的压力分别设置为 −1500Pa、−2000Pa 和 −2500Pa。分梳辊的转速设为 5000～9000r/min。有研究表明，分梳辊转速的增加会显著降低纱线的强力和伸长率。同时也减少纱线的缺陷。为平衡纱线的缺陷和纱线的强力，分梳辊的转速选定为 7000r/min。本节首先研究了纤维输送通道内的流场特性。

不同压力下的纤维输送通道内的流线分布如图 6-6 所示。纤维输送通道出口处的负压值对流线有显著影响。当纤维出口压力为 −1500Pa 时，纤维输送通道和分梳辊结合处的流线流向改变，转向相反的方向；当纤维出口压力为 −2000Pa 时，分梳辊和纤维输送通道结合处形成一个较小的涡；而当压力为 −2500Pa，纤维输送通道下部的流线形成了一个相对较大且强度较大的涡。

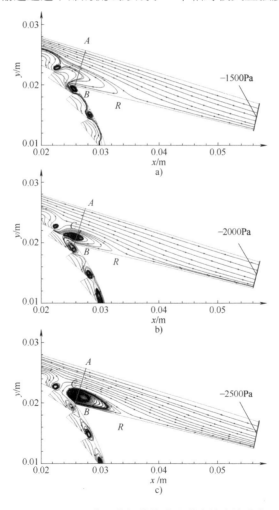

图 6-6　不同压力下的纤维输送通道内的流线分布
a）$p = -1500\mathrm{Pa}$　b）$p = -2000\mathrm{Pa}$　c）$p = -2500\mathrm{Pa}$

随着负压值的增大，交界处的流线逐渐形成了一个涡。此处的涡不利于纤维的形态，因为它使纤维更容易弯曲和变形。重附着点（reattachment point，图中用 R 表示）是流动剪切层结束的点。纤维输送通道中轴线方向的涡几乎不随着负压的变化而变化。但在垂直于中轴线方向上，涡的尺寸却在逐渐减小，这也意味着该方向上纤维输送通道的有效宽度增加。有效宽度的定义为包含向前流动的流体的横截面的宽度，如图 6-6 中红线标示的长度。图 6-6 中涡的宽度占纤维输送通道的几何宽度的比例分别为 50.7% 、39.1% 和 40.5% ，则有效宽度占纤维输送通道的几何宽度的比例分别为 49.3% 、60.9% 和 59.5% 。这说明，无碰撞的纤维传输有效宽度随着出口压力从 –1500Pa 减小到 –2000Pa 的过程而逐渐增大，而当压力减小到 –2500Pa 时，纤维输送的有效宽度几乎没变。

总而言之，出口处的负压值越大，涡的强度也越大。但随着负压值的增大，有效宽度增大。纤维输送的有效区域随着负压绝对值的增大而增大。有效区域越大，越有助于纤维的输送。

图 6-7 所示为不同转速下的流线分布。分梳辊的转速分别取 6000r/min、7000r/min、8000r/min 和 9000r/min。纤维出口的压力为 –2000Pa。当转速为 6000～7000r/min 时，纤维输送通道的下部出现涡。而当转速升至 8000～9000r/min

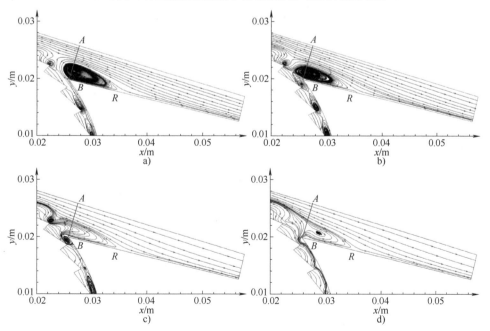

图 6-7 不同转速下的流线分布

a）$n = 6000\text{r/min}$ b）$n = 7000\text{r/min}$ c）$n = 8000\text{r/min}$ d）$n = 9000\text{r/min}$

时，封闭的流线区域几乎消失。尽管分梳辊的转速不同，但涡的位置却几乎相同。这就说明，重附着点几乎处于同一位置。因此，转速对轴线方向涡的长度几乎没有影响。图6-7中涡的宽度与几何宽度的比例大约为46.4%、43.5%、47.8%和52.2%。同时，有效宽度占几何宽度的比例分别为53.6%、56.5%、52.2%和47.8%。这就说明，纤维输送通道的有效宽度减小。所以，在分梳辊转速为6000~9000r/min时，随着分梳辊转速的提高，纤维输送的有效宽度不断减小。

6.3　转杯内的流场特性

本文以浙江某纺机公司某型号抽气式转杯为参考模型，模型转杯直径为36mm，高度为14.5mm，滑移面角度为71°，纤维输送管倾角为35°，凝聚槽类型为U形，转杯结构如图6-8所示。

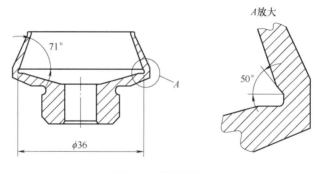

图6-8　转杯结构

根据转杯纺纱原理结构（见图6-9）可以确定转杯内气流流道，利用三维建模软件Pro/E建立转杯内流道的几何模型，（见图6-10）。坐标原点位于转杯底面中心处，转杯内壁面为旋转壁面，假捻盘、纤维输送管和导纱管等外壁面为静止壁面，纤维输送管中心垂直截面（$x = 6mm$）距离YOZ平面的长度为6mm，凝聚槽水平截面（$z = -3.3mm$）距离XOY平面的长度为3.3mm，转杯与转杯盖之间的气流出口高度为1mm。

将模型导出为Parasolid格式并导入到ICEM中进行网格划分，生成计算网格区域。由于输送管与转杯接触区结构复杂，非结构网格具有更好的几何模型适应性，因此，对转杯内部流道模型进行四面体网格划分，并在纤维输送管出口处和凝聚槽内对网格进行加密处理，共有网格数约200万个。网格划分情况如图6-11所示。

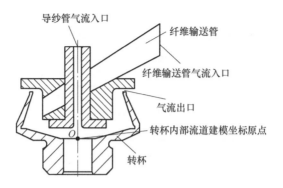

图 6-9　转杯纺纱原理结构

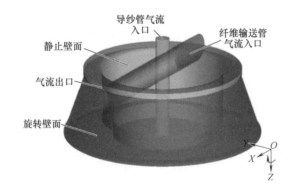

图 6-10　转杯内流道的结构图

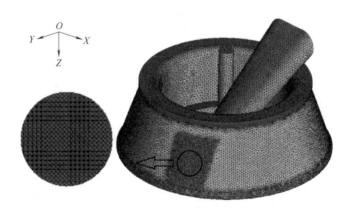

图 6-11　转杯内流道网格划分示意图

　　根据实际生产状况，结合仿真模型，转杯内部空气经抽风机抽出，转杯与转杯盖（活络通道）之间的微小间隙为压力出口（pressure outlet），其大小为抽风机抽吸形成的负压，定义为 - 8000Pa；流道外壁面因为与转杯内壁接触，定义其为旋转壁面（rotation wall），转速与转杯转速相同，定义为120000r/min；流道内壁与活络通道和假捻盘接触，为静止壁面；纤维输送管入口和导纱管入口与大气相通，定义为压力进口（pressure inlet），相对压力为0Pa。

通过方程可以确定压力入口的气流参数，通过计算得到湍动能

$$\begin{cases} k = \dfrac{3}{2}(\boldsymbol{u}I)^2 \\ \varepsilon = C_u^{\frac{3}{4}}\dfrac{k^{\frac{2}{3}}}{l} \end{cases}$$

其中

$$\varepsilon = 1550.6\,\text{m}^2/\text{s}^2, \quad k = 9.75\,\text{m}^2/\text{s}^2, \quad Re = \dfrac{\boldsymbol{u}d}{v}, \quad I = 0.16Re^{-\frac{1}{8}}$$

由于转杯体积小，转杯内气流流动为湍流流动，故仿真计算采用带旋流修正的可以提高湍流漩涡计算精度的 RNG $k\text{-}\varepsilon$ 湍流模型，采用标准壁面函数、SIMPLE 算法、二阶迎风格式对转杯内流场进行仿真计算，收敛残差设置为0.0001，并设置入口流量和出口流量观测点，当进出口质量流量基本稳定在5%时，可以认为计算收敛，其流动规律应遵循流体流动三大物理守恒定律，即应遵循质量守恒方程、动量守恒方程和能量守恒方程。

6.3.1 网格无关解

通过对多套网格模型进行计算，避免网格不同对计算结果的影响，首先进行网格无关性验证，选取合适的网格密度。因此本文中设计了粗、中、细三套网格，网格数分别为28万个、56万个和130万个，针对每套网格，采用同样的计算方法，并对计算结果取纤维输送管出口处中心点处的速度、压力、湍动能和湍流强度进行比较，结果见表6-4。

表6-4 转杯流场模型网格无关性验证

网格数/万个	速度/(m/s)	压力/Pa	湍动能/(m²/s²)	湍流强度
28	110.7	−7787	7.3	0.037
56	111.5	−7860	5.9	0.033
130	110.3	−7730	5.3	0.031

从表6-4中我们可以看出，三种不同密度网格的计算结果中，速度、压力、湍动能和湍流强度基本相同，即此三套网格模型的计算结果无明显差异，但细网格的湍动能和湍流强度较小，湍动程度低。为提高计算精度，本文在细网格

基础上，对流场模型重点区域——纤维输送管出口处和凝聚槽部分进行网格加密，之后进行仿真计算。

6.3.2 仿真结果与分析

1. 转杯内流场速度特性分析

图 6-12 所示为转杯内部气流整体流线图，从图中可以看出，转杯内部气流整体呈旋转流动状态，气流经纤维输送管进入转杯后便沿转杯旋转方向旋转流动，旋转流动过程中不断有气流往上流动经出口流出转杯。气流旋转一周后，在纤维输送管出口处汇交，在旋转流动过程中流线较为规律，而汇交区域流线紊乱、湍流强烈，流线紊乱程度明显高于其他区域。为了更细致地分析转杯内气流场的速度、压力分布特性，取纤维输送管垂直截面（$x = 6$mm）和凝聚槽水平截面（$z = -3.3$mm）进行讨论，并取部分数据进行比较。

图 6-13 所示为纤维输送管垂直截面（$x = 6$mm）上的速度云图，从图中可以看出，输送管内气流速度不断增大，靠近纤维输送管出口侧云图分布不规律，湍流程度大，气流速度明显大于另一侧气流速度，且靠近纤维输送管出口处出现高速涡旋。靠近转杯旋转壁面处气流速度大，最大速度出现在凝聚槽内，约为 220m/s；靠近静止壁面处气流速度小，从旋转壁面到静止壁面，气流速度逐渐减小，转杯底部出现大面积低速区。

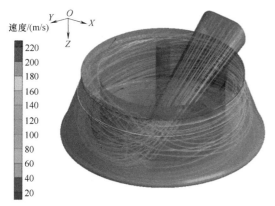

图 6-12　转杯内部气流整体流线图

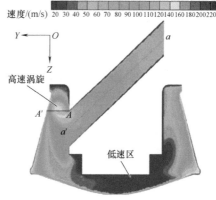

图 6-13　纤维输送管垂直截面
（$x = 6$mm）上的速度云图

图 6-14 所示为纤维输送管轴心线 a-a'上的气流速度变化曲线。从图中可以明显看出，从输送管入口到出口，气流速度呈递增趋势，在纤维输送管出口处

达到最大，约为110m/s，由于纤维输送管采用渐缩式截面结构，递增式气流速度分布可以保证纤维头端受力大于尾端，有利于纤维在输送管内平直运动。

图6-15所示为截线A—A′上的气流速度变化曲线。从图中可以看出，切向速度和轴向速度呈先增大后减小再迅速增大的趋势，距离A点2.25mm范围内，切向速度不断增加，说明气体进转杯后即随转杯旋转而旋转流动，且距旋转中心越远，切向速度越大；之后切向速度出现先减小再突然增大的趋势，切向速度最大值出现在旋转壁面A′处，说明在靠近壁面0.26mm范围内由于转杯壁面和气流的黏性作用，转杯旋转对气流切向速度影响最大。距离A点2.25mm以内，轴向速度为正值；距离A点2.25～4.5mm内，轴向速度为负值。轴向速度出现由正值向负值的变化，说明转杯内气流流动方向的变化，正的轴向速度说明气流向底部流动，负的轴向速度说明存在往出口流动的气流。

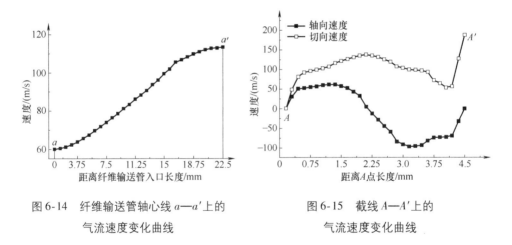

图6-14　纤维输送管轴心线a—a′上的
气流速度变化曲线

图6-15　截线A—A′上的
气流速度变化曲线

图6-16所示为凝聚槽水平截面（$z = -3.3$mm）上的速度云图。从图中可以看出，凝聚槽水平截面上气流速度呈环形层状分布，由外向内不断减小，最大速度出现在凝聚槽内，约为220m/s，最小速度出现在静止壁面处，约为20m/s。点B正对纤维输送管出口，截线B—B′左侧云图层状分布趋势明显，速度由旋转壁面向转杯中心递减，说明左侧旋转流动趋势明显；截线B—B′右侧云图分布不规律，层状不明显，湍流程度大于左侧，旋转流动趋势比左侧弱。对比气流流线图可以知道，右侧区域属于气流汇交后的流动区，流线紊乱程度大，湍流程度高。

图 6-17 所示为截线 $B—B'$ 上的气流速度变化曲线。从图中可以看出，切向速度和轴向速度相对转杯中心基本呈对称分布。切向速度曲线呈 U 形，最大值出现在凝聚槽内，即图中 B 点和 B' 点，从凝聚槽向转杯中心不断减小。由离心力计算公式 $F = \dfrac{mv^2}{r}$ 可知，凝聚槽内切向速度大，说明气流承载纤维运动的能力大，对纤维质点形成的离心力大，纤维束凝聚效果好，有利于提高成纱质量。轴向速度变化小，除距 B 点 7mm 处出现轴向速度峰值 50m/s 外，其他区域速度基本为零，速度峰值的出现与转杯内气流整体流线图对应，即纤维输送管汇交区湍流强度大，汇交后往转杯出口流动的情况。轴向速度比切向速度小得多，说明在凝聚槽水平截面内的主导速度为切向速度，气流对纤维的轴向力作用小，纤维不会从凝聚槽滑移到转杯底部。因为 B 点正对纤维输送管气流出口，气流流动较为紊乱，靠近 B 点侧区域速度出现波动。

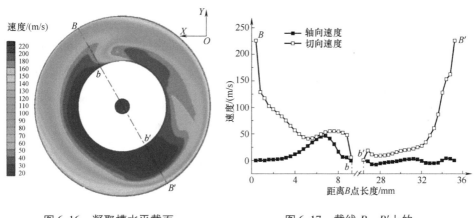

图 6-16 凝聚槽水平截面
（$z = -3.3$ mm）上的速度云图

图 6-17 截线 $B—B'$ 上的
气流速度变化曲线

2. 转杯内流场压力特性分析

转杯内动压大小直接影响纤维能否顺利从分梳辊转移到转杯内凝聚，动压分布影响纤维在转杯内的运动状态，是能否顺利纺纱的关键。图 6-18 所示为纤维输送管垂直截面（$x = 6$ mm）上的动压云图。从图中可以看出，纤维输送管内动压不断增大，且在纤维输送管出口处出现高压区，约为 13500Pa，而最大动压出现在凝聚槽内，约为 18000Pa，最小动压出现在转杯底部中心蓝色区域，约为 1000Pa。动压一般不能直接测量，可以通过经验公式 $p_\mathrm{d} = 0.5\rho v^2$ 求出，比较图 6-13 和图 6-18 可知，动压分布趋势与速度分布相似，速度大，动压便大；速度小，动压便小。

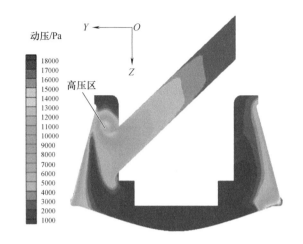

图6-18　纤维输送管垂直截面（$x=6$mm）上的动压云图

图6-19所示为纤维输送管垂直截面（$x=6$mm）上的静压云图。从图中可以看出，转杯内静压为负值，说明转杯内为低于大气压的负压，纤维输送管入口处负压最小，从入口到出口负压不断增大，出口上方处出现最大负压区，稳定的负压是转杯纺纱器形成补充气流不断带动纤维进入转杯的主要原因。

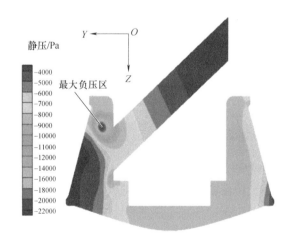

图6-19　纤维输送管垂直截面（$x=6$mm）上的静压云图

图6-20所示为纤维输送管轴心线 a—a' 上的压力变化曲线。从图中可以看出，纤维输送管轴心线上，静压和动压基本以0Pa为中心线呈对称式分布，两者均是由入口到出口不断增大，动压为正，静压为负，变化趋势与速度变化趋势相同。

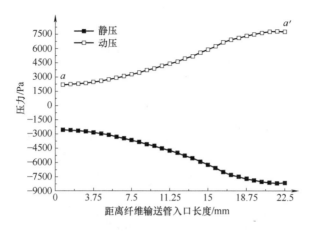

图 6-20　纤维输送管轴心线 $a—a'$ 上的压力变化曲线

图 6-21 所示为凝聚槽水平截面（$z = -3.3$ mm）上的动压云图。从图中可以看出，凝聚槽水平截面上，动压呈环形层状分布，靠近旋转壁面区域动压大，越往转杯中心压力越低，最大动压出现在环凝聚槽一周内。这主要是由于气流黏性作用，靠近凝聚槽边界层处气流速度与转杯转速相近，故其动压最大，转杯中心处气流速度最小，动压最小。图 6-22 所示为凝聚槽水平截面（$z = -3.3$ mm）上静压云图，静压云图与动压云图相似，静压为负值，云图呈环状分布，由外向内不断增加，在正对纤维输送管出口处静压最小。

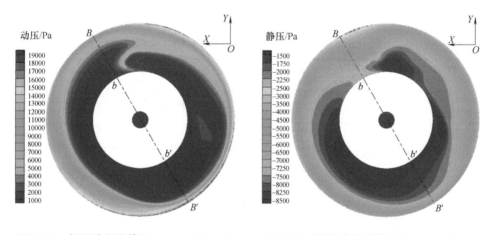

图 6-21　凝聚槽水平截面（$z = -3.3$ mm）
上的动压云图

图 6-22　凝聚槽水平截面（$z = -3.3$ mm）
上的静压云图

图 6-23 所示为截线 $B—B'$ 上的压力变化曲线。从图中可以看出，压力曲线呈两边大中间小的 U 形。环凝聚槽一周动压大，转杯内部负压小，有助于纤维

束在凝聚槽内的凝聚；转杯内负压有利于气流不断地补充流动，带动纤维进入转杯。

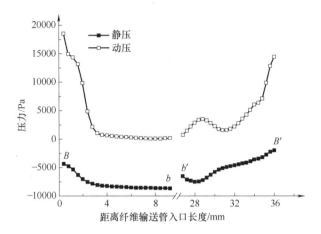

图 6-23　截线 B—B′ 上的压力变化曲线

3. 转杯内流场仿真结果对比

为分析转杯旋转流场仿真结果与理论计算的异同，特取转杯流道内空间段（−5.25，−14.5，−3.3）~（−5.25，−14.5，−8.3）上，部分点的静压和切向速度进行分析，该空间段位于纤维输送管出口的对立侧，受纤维输送管出口气流影响最小，且与转杯底平面垂直，距离转杯旋转中心的长度相同，序号由转杯底部向转杯出口排列，见表6-5。

表 6-5　空间段上部分点的静压和切向速度

序　号	1	2	3	4	5	6	7	8	9
静压/Pa	−7210	−7496	−7668	−7801	−7862	−7935	−7954	−7973	−7990
切向速度/(m/s)	106	103	96	88	82	80	73	62	41

从表6-5中可以看出，此空间段上静压值在 −7210 ~ −7990Pa 之间变化，与理论分析一致，因为旋转壁面有一定角度，所以距中心同样距离处压力有所不同，从上到下呈递减趋势。切向速度则由底部到出口处从106m/s减小到41m/s，切向速度的变化主要是因为转杯不是等直径结构，为顶口小底部大的圆台形，角速度相同的情况下，底部线速度要大于顶部线速度。

4. 转杯转速对转杯内气流场特性的影响

为分析转杯转速对转杯内部气流场特性的影响，本文以 36mm 抽气式转杯为参考模型，设置转速为 60000r/min、80000r/min、100000r/min 和120000r/min 四种情况，理论计算出对应凝聚槽的表面切向速度为 113.1m/s、150.8m/s、188.5m/s 和 226.2m/s。利用 Fluent 仿真时，旋转壁面速度设置不同，其他参数设置相同。对仿真结果，同样截取纤维输送管垂直截面和凝聚槽水平截面进行分析。

图 6-24 所示为不同转速下纤维输送管垂直截面上的速度云图。从图中可以看出，虽然转杯转速不同，但是纤维输送管垂直截面上的速度分布相似，从入口到出口纤维输送管内速度不断增加，在出口处有一高速涡旋，左侧湍流程度高于右侧，在转杯底部出现蓝色区域的低速区，且纤维输送管内气流速度变化基本一致，与转杯转速无关。其中靠近旋转壁面气流速度相差大，转杯转速越高，近壁面处气流速度越大。

不同转速下纤维输送管内轴心线上的速度见表 6-6 所示，从表中可以看出，不同转速下，纤维输送管内气流速度基本相同，说明转杯转速对纤维输送管内气流速度的影响不大，影响纤维输送管内气流速度的主要因素是抽风机的抽吸负压。

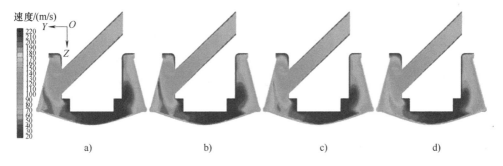

图 6-24　不同转速下纤维输送管垂直截面上的速度云图

a) $n=60000\text{r/min}$　b) $n=80000\text{r/min}$　c) $n=100000\text{r/min}$　d) $n=120000\text{r/min}$

表 6-6　不同转速下纤维输送管内轴心线上的速度

序　号	1	2	3	4	5	6	7
6×10^5r/min	60.3968	65.0579	72.7098	84.4539	95.1288	106.7711	113.3018
8×10^5r/min	60.3971	65.0579	72.7096	84.4546	95.1290	106.7656	113.2644
10×10^5r/min	60.3966	65.0580	72.7096	84.4542	95.1284	106.7809	113.2936
12×10^5r/min	60.3935	65.0481	73.1058	84.6120	95.1795	106.4908	112.6502

图 6-25 所示为不同转速下凝聚槽水平截面上的速度云图。从图中可以看出，当转杯转速为 60000r/min 时，在纤维输送管出口右侧区域产生高速涡旋，

湍流剧烈，具有明显的尾状流动区域，且延伸到凝聚槽壁面，如图6-25a所示。随着转杯转速增加，尾状流动区域面积逐渐减小，当转杯转速达120000r/min时，纤维输送管出口处高速涡旋和尾状流动区消失，湍流程度降低，速度分布均匀，如图6-25d所示。

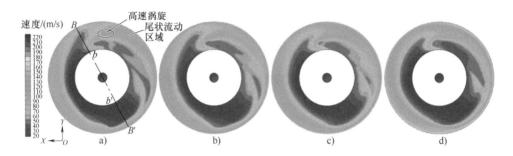

图6-25　不同转速下凝聚槽水平截面上的速度云图

a）$n = 60000$r/min　b）$n = 80000$r/min　c）$n = 100000$r/min　d）$n = 120000$r/min

图6-26所示为不同转速下截线$B—B'$上的切向速度曲线。从图中可以看出，不同转速下凝聚槽水平截面上的气流切向速度呈中心对称分布，靠近转杯中心区（图中距离B点6～32mm区域）切向速度小，且基本相同，受转杯转速影响小。靠近旋转壁面处，气流切向速度随转杯转速的提高而增大，受转杯转速影响大。当转杯转速为120000r/min时，同样位置处的切向速度明显大于其他转速时的情况。转杯转速越高，转杯凝聚槽内气流速度越大，转杯凝聚槽水平截面上气流速度分布越均匀，纤维输送管出口侧气流流动越稳定，越有利于纤维凝聚。

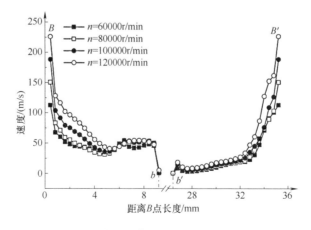

图6-26　不同转速下截线$B—B'$上的切向速度曲线

5. 纤维输送管结构参数对转杯内气流场特性的影响

（1）纤维输送管结构参数　纤维输送管是转杯内负压补气的主要通道，经分梳辊分梳成单根的棉纤维便经过输送管进入转杯，其结构参数变化对转杯内流场有很大影响，进而影响纤维运动状态与成纱质量，故研究纤维输送管结构的影响尤为必要。根据前文所述的仿真研究，纤维输送管采用渐缩结构，在此基础上，本文设计了不同渐缩度的纤维输送管，在整体结构合适、合理的基础上进行仿真研究，探讨其影响（见表6-7）。

表 6-7　纤维输送管出、入口形状、面积及渐缩度

序号	入口形状	入口面积/mm²	出口形状	出口面积/mm²	渐缩度
1	$\phi 5$　2	30			1.50
2	$\phi 5$　5	45	○	20	2.25
3	6.75　$\phi 6.4$	75			3.75

转杯模型直径为 36mm，滑移面角度为 71°，坐标原点位于转杯底面中心处，定义纤维输送管入口处截面积为 S_1，纤维输送管出口处截面积为 S_2，纤维输送管长度 l 为 30mm。定义渐缩度 λ 表征纤维输送管截面的渐缩程度：$\lambda = \dfrac{S_1}{S_2}$，在纤维输送管长度相同的情况下，入口截面积越大，$\lambda$ 便越大，纤维输送管渐缩度越大。本节主要研究渐缩度不同的情况下转杯内流场的变化，按照表 6-7 所列建立流道模型。

因纤维输送管入口截面积差异较大，为清楚地分析不同截面内气流的特性，流道模型中，将纤维输送管垂直放置，这样可以在纤维输送管垂直截面中看到输送管渐缩结构（见图6-27）。

（2）不同渐缩度输送管的仿真结果分析　图6-28 所示为不同渐缩度时纤维输送管垂直截面上的静压云图。从图中可以看出，转杯内压力为负压，从输送管入口到出口静压呈递增趋势，且在输送管出口处存在高压区，当渐缩度 $\lambda = 3.75$ 时，此高压区面积最小。在正对纤维输送管出口处的凝聚槽区域，静压最小。

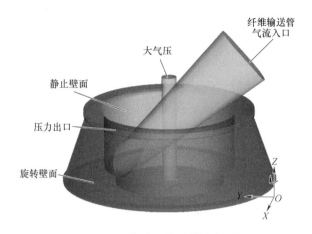

图 6-27　不同渐缩比输送管的流道模型

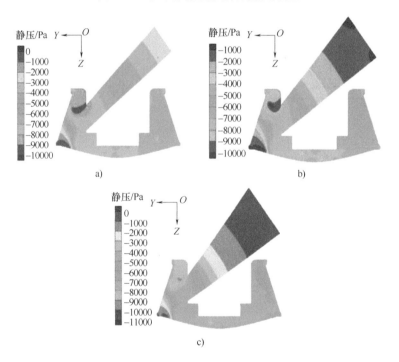

图 6-28　不同渐缩度时纤维输送管垂直截面上的静压云图

a）$\lambda = 1.50$　b）$\lambda = 2.25$　c）$\lambda = 3.75$

　　提取纤维输送管轴心线上的静压值，绘制静压曲线，如图 6-29 所示。从图中可以看出，输送管内静压为负压，静压从入口处到出口处不断增大，在输送管入口处，不同渐缩度时静压相差很大，渐缩度越小，静压越大。当 $\lambda = 3.75$ 时，入口处静压约为 $-500\mathrm{Pa}$，而当 $\lambda = 1.50$ 时，入口处静压约为 $-2500\mathrm{Pa}$；在输送管出口处静压基本相同，约为 −7700Pa。

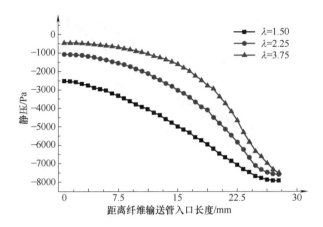

图 6-29　不同截面纤维输送管轴心线上的静压曲线

图 6-30 所示为不同渐缩度时纤维输送管垂直截面上的气流速度云图。从图中可以看出，输送管内速度变化层次分明，从入口到出口速度呈递增趋势。转杯内部云图层状分布不明显，靠近旋转壁面处速度较大，靠近中间静止壁面处速度小。输送管出口侧速度大于另一侧速度，湍流程度也较另一侧高。

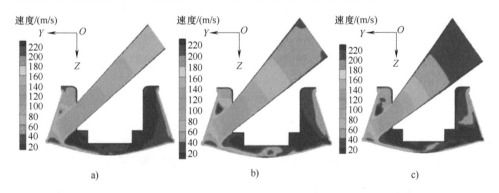

图 6-30　不同渐缩度时纤维输送管垂直截面上的气流速度云图

a）$\lambda = 1.50$　b）$\lambda = 2.25$　c）$\lambda = 3.75$

图 6-31 所示为纤维输送管轴线上速度曲线。从图中可以看出，不同类型输送管，速度从入口到出口不断增大。输送管入口处速度相差较大，出口处速度基本相同，约为 110m/s。渐缩度越小，入口截面面积越小，纤维输送管入口处速度越大。当 $\lambda = 1.5$ 时，入口速度最大，约为 65m/s；而当 $\lambda = 3.838$ 时，入口速度最小，约为 28m/s。可以推测，当渐缩度大时，纤维输送管入口面积大，在同样的抽吸负压下，气流速度便小；而当入口面积小时，气流速度大。

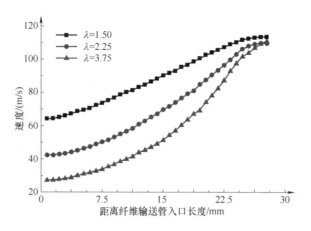

图 6-31 纤维输送管轴线上的速度曲线

6.4 纺纱器内纤维运动状态分析

为方便气固两相仿真结果与气流场仿真结果做对比，本节计算模型仍采用气流场仿真模型——以浙江某纺机公司某型号转杯为原型建立的流道模型，采用渐缩式结构纤维输送管，以转杯底部中心为坐标原点建立流道模型，转杯工作时绕着 Z 轴旋转（见图 6-32）。由于用欧拉模型分别对每相进行计算，为减少计算时间和成本，对流道模型进行六面体网格划分，模型网格划分示意图如图 6-33 所示。

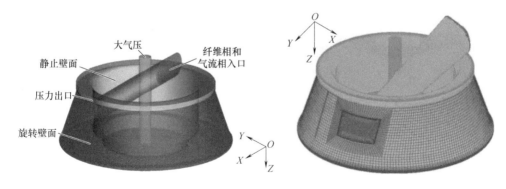

图 6-32 两相仿真计算模型   图 6-33 模型网格划分示意图

采用欧拉模型进行仿真之前需要对不同相进行物理特性定义，由于棉纤维自然卷曲多、强度高、质量好，有利于转杯纺纱过程中纤维之间抱合力和摩擦力的增大，有助于提高成纱强度、降低断头率，是转杯纺纱最主要的原材料，

使用面最广。故此处通过对棉纤维物理特性的了解，综合众多不同种类棉纤维
的物理特性，建立如表 6-8 所示的棉纤维材料数据。

表 6-8　纤维常用物理特性

参数	密度/ （kg/m³）	质量体积/ （cm³/g）	比热容/ （J/kg·K）	热导系数/ （W/m·K）	动力黏度/ （kg/m·s）
值	1450	0.63	800	0.072	0.001

标准气体作为欧拉模型的第一相，纤维颗粒流作为欧拉模型的第二相，其
中颗粒直径定义为 0.01mm；定义纤维输送管入口为气流相和纤维相的混合入
口；定义第一相为气流相速度入口（velocity inlet1），速度大小为 60m/s；定义
第二相为纤维颗粒流相速度入口（velocity inlet2），速度大小为 25m/s；第二相
纤维颗粒相所占体积分数为 0.2；因为导纱管入口定义为大气压力入口（pres-
sure inlet），所以相对压力为 0Pa；环状气流出口与抽风机相连，定义为负压出
口（pressure outlet），压力大小为 -8000Pa；旋转壁面为转杯内壁面，旋转速
度定义为 120000r/min；流道模型内壁面定义为静止壁面。计算中采用有限体
积法离散控制方程，对三维流场进行分离式隐式求解，对流项采用一阶迎风
格式进行离散，扩散项的空间离散格式为二阶中心格式。采用 phase coupled
（两相耦合）SIMPLE 算法进行压力速度耦合，边界条件采用无滑移壁面边界
条件，近壁面区域的流动采用标准壁面函数，纤维颗粒流与气流之间的曳力
函数采用 Schiller-Naumann 模型函数。由于是瞬态模拟，控制方程必须在时
间和空间上都进行离散化，在本研究中采用的时间离散格式为一阶隐式
格式。

6.4.1　输送管内纤维运动状态分析

图 6-34 所示为不同时刻纤维输送管垂直截面（$x = 6$mm）上的纤维相浓度
变化云图。从图中可以看出，在纤维相运动到滑移面之前，输送管入口处纤维
相浓度最高，随着时间的推移，纤维相沿输送管向转杯内流动，转杯内其他空
间处纤维相浓度为零，说明这些空间处无纤维分布。纤维相在输送管内运动时，
输送管入口处浓度最高，约为 0.2，往管内不断降低。在 Z 向呈层状分布，输
送管底部纤维相浓度要高于顶部浓度，主要原因是纤维相密度远大于气流相密
度，纤维相在流动时由于重力作用往底部沉降，转杯内大面积蓝色区域表示无
纤维区域，纤维浓度为零。

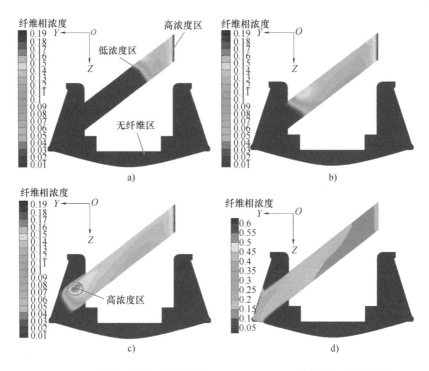

图 6-34　不同时刻纤维输送管垂直截面（ $x=6$ mm）上的纤维相浓度变化云图
a） $t=0.000191$ s　b） $t=0.000384$ s　c） $t=0.000504$ s　d） $t=0.000815$ s

在 $t=0.000504$ s 时，纤维相运动到输送管出口处并继续往转杯内运动，方位斜向下指向转杯滑移面，与输送管轴心线指向相一致，并没有往转杯抽气出口处运动，也没有直接指向转杯底部。在输送管出口处纤维相出现一较高浓度区，如图 6-34c 所示，此高浓度区位置与气流相在输送管出口处高速涡旋位置对应。在 $t=0.000815$ s 时，纤维相在滑移面上堆积，并不断往凝聚槽内凝聚，凝聚槽内纤维相浓度不断升高。

图 6-35 所示为在 $t=0.000384$ s 时纤维输送管不同位置截面上的纤维相浓度云图。图中在渐缩式输送管上分别截取 $y=0$ mm、 $y=-5$ mm 和 $y=5$ mm 三个剖面进行显示，其中 $y=5$ mm 为靠近输送管出口处截面，截面积最小； $y=-5$ mm 为靠近输送管入口处截面，截面积最大。从图 6-55 中可以看出，纤维相在输送管内分布很有规律性，相对输送管中垂线呈对称分布。由于纤维相密度远大于气流相密度，在纤维相与气流相的耦合运动过程中，纤维相在重力作用下沉降在输送管底部，相同位置处顶部浓度小于底部浓度。在 $y=5$ mm 截面处层状分布特别明显，顶部浓度约为 0.05，底部浓度约为 0.15。其次由于管道内壁面的

边界层阻尼作用，靠近壁面处纤维相的运动速度慢，浓度高；中间处纤维相的运动速度快，浓度低，浓度最小处出现在顶部中间位置。

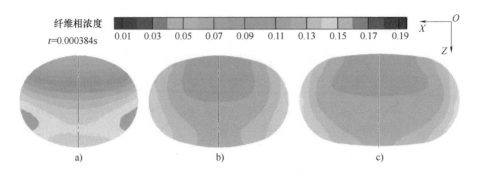

图 6-35　纤维输送管不同位置截面上的纤维相浓度云图

a）$y=5\text{mm}$　b）$y=0\text{mm}$　c）$y=-5\text{mm}$

图 6-36 所示为 $t=0.001089\text{s}$ 时纤维输送管垂直截面上的纤维相浓度云图。从图中可以看出，此刻纤维相浓度最大处出现在输送管出口正对面的滑移面上和转杯凝聚槽内，在右部凝聚槽内存在纤维相，其余蓝色部分无纤维相分布。

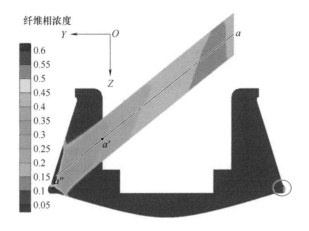

图 6-36　纤维输送管垂直截面上的纤维相浓度云图

提取纤维输送管轴线 $a—a'—a''$ 上纤维相和气流相的速度值，分别绘出其位置和速度变化曲线，如图 6-37 和 6-38 所示。

从图 6-37 中可以看出，纤维输送管内 $a—a'$ 上的纤维相和气流相速度整体均呈递增趋势，相同位置处气流相速度大于纤维相速度，气流相速度在输送管入口处有微小减小，然后增加，纤维相在此段内加速度最大，说明在输送管入口处两相之间的速度差值较大，两相之间产生的拖曳力最大，进而导致气流相出现减速而纤维相加速的现象。其中气流相速度由 60m/s 增加到 98.6m/s，速度增幅约为 64.3%，纤维相速度由 25m/s 增加到 82.7m/s，速度增幅约为 230.8%。很明显，输送管内纤维相速度增加更加显著，大的速度变化有利于纤维在管中的直线运动，不会出现折钩弯曲等不利状态。

图 6-38 中可以看出，从纤维输送管出口处到转杯滑移面上的 a'-a'' 段上纤维相速度和气流相速度变化趋势相似，随着距输送管出口 a' 长度的增加，气流相速度不断减小，在距离纤维输送管出口 a' 长度为 9mm 时速度减小到最小，约为 23m/s，之后迅速增大，在靠近转杯滑移面上增大到最大值 220m/s；纤维相速度则在距 a' 点 4mm 内有一个微小的增加趋势，由 86.7m/s 增加到 87.6m/s，虽然速度增加很少，但是说明纤维相离开输送管进入转杯后还有一定的加速，因为此时气流相速度依然大于纤维相速度，气流相给纤维相的拖曳力仍带动纤维相加速运动，之后在 4~9mm 范围内，气流相速度小于纤维相速度，纤维相也开始减速，减小到最小值 60.8m/s，之后迅速增大到 220m/s，说明由于旋转壁面的摩擦力带动作用，影响纤维相速度变化的主要因素是旋转壁面。

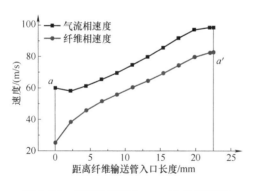

图 6-37　纤维输送管内 a—a' 上的速度图 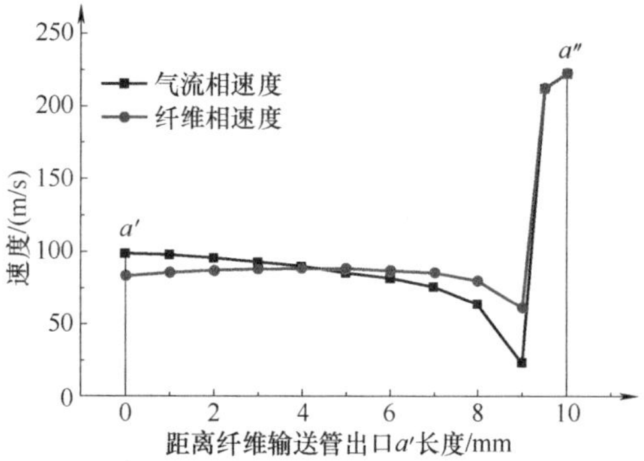　　　图 6-38　转杯内 a'—a'' 上的速度图

从不同时刻纤维相浓度云图可以知道纤维相的整体运动趋势，输送管与转杯之间的夹角决定纤维流指向，纤维不会直接往出口或者转杯底部流动，合适的输送管夹角对纤维运动有促进作用。为深入探究输送管倾角对纤维运动状态的影响，根据纺纱器结构的合理性，建立倾角分别为 30°、35°、40° 和 45° 的四种不同流道模型，采用相同的数值模拟方法进行仿真计算，分析倾角对转杯内两相流动的影响。

图 6-39 所示为不同输送管倾角时纤维输送管垂直截面上纤维相触碰滑移面时的瞬态浓度云图。从图中可以看出，在滑移面角度相同的情况下，纤维输送

管倾角 α 越大，输送管中心轴线与滑移面母线之间的角度 ε 便越小，输送管轴线与滑移面的交点 a'' 到凝聚槽的距离越小。当 $\alpha = 45°$ 时，点 a'' 位于凝聚槽下部。从纤维相浓度分布可以看出，纤维进入转杯后斜向下流动到滑移面，接触点位于输送管轴线上部，如图 6-39 中 1、2、3、4 标记所示，且接触点随 α 角增大往转杯底部靠近。在转杯型号及转速等其他工艺相同的情况下，接触点越靠近凝聚槽，纤维运动到凝聚槽的滑移长度便越短，所需的时间便越少。当 $\alpha = 35°$ 时，接触点浓度最高，约为 0.45，但当 $\alpha = 45°$ 时，在凝聚槽下部出现纤维相的聚集，如图 d 中的 5 所示，此状况不利于纤维在凝聚槽内凝聚，影响纺纱工序。

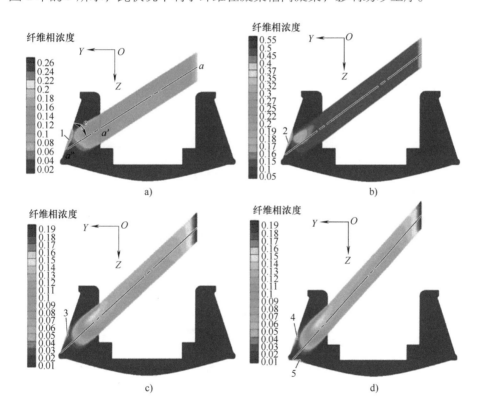

图 6-39 不同输送管倾角时纤维输送管垂直截面上纤维相触碰滑移面时的瞬态浓度云图

a) $\alpha = 30°$ b) $\alpha = 35°$ c) $\alpha = 40°$ d) $\alpha = 45°$

综上所述，输送管倾角影响纤维相流动方向和纤维相在滑移面上接触点的位置，进而影响纤维相滑移到凝聚槽的滑移长度和滑移时间。根据实践经验，滑移面长度过长，纤维处于伸直状态久，会影响生产效率；滑移面长度过小，纤维未伸直便进入凝聚槽，影响成纱质量；纤维滑移长度为 1.8 ~ 2.8 倍的纤维长度时为最佳滑移状态。实际生产中应根据单纤维长度、转杯转速等因素设置输送管倾角，而综合以上四种情况发现，纤维输送管倾角为32°～37°时为宜。

6.4.2　转杯内纤维流状态分析

沿着纤维输送通道的中心轴线，对应前述的区域划分，轴线被分为相应的三段。图6-40显示的是$t=1\text{ms}$时中心轴线上的速度曲线。由图可知，A段是加速区。随着纤维输送通道横截面的逐渐减小，气流和纤维的速度逐渐增加，这有助于纤维向前运动的同时保持伸直。B段是速度下降区。该段气流速度快速下降，这是因为空气已通过纤维输送通道而到达近壁面区，而纤维颗粒因惯性较大而保持速度。C段是速度的快速增长段。该区域内的气流由于转杯壁面高速旋转而被加速旋转，形成速度边界层。根据该速度曲线可知，该速度边界层非常薄，这说明纤维的加速是瞬间完成的，且纤维到达滑移面发生碰撞。碰撞会增加转杯轴承和转杯本身的振动和磨损。为了使纤维的速度增加得平缓，应合理设计纤维输送通道的截面。

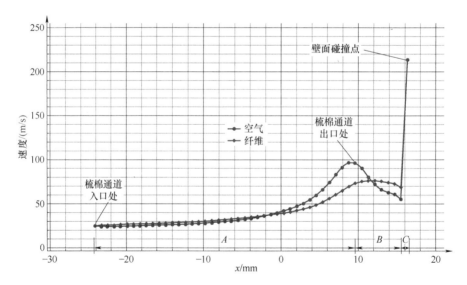

图6-40　$t=1\text{ms}$时中心轴线上的速度曲线

1. 纤维环的形成

通过纤维输送通道后，纤维继续沿原方向运动，直到抵达图6-40所示的C区。此时，C区内的黏性气体正处于旋转状态。气流旋转引起附加阻力，纤维因此不能保持原方向而做圆周运动，使纤维的实际轨迹呈螺旋向下的状态。当到达滑移面后，纤维会借助离心力和初速度，沿转杯滑移面滑向凝聚槽。另一方面，在摩擦力作用下纤维沿圆周方向滑动。纤维在圆周方向上一直加速，直到纤维与转杯速度一致。而圆周方向上，纤维与滑移面相对静止，并且只沿着转杯滑移面母线方向滑动直到滑入凝聚槽。转杯保持旋转，纤维持续从纤维输送通道内流出，大量纤维进入转杯进行滑移运动，形成纤维环，如图6-41所示。

图6-42所示为不同时刻的纤维颗粒在滑移面的分布。由图可知，纤维分布呈现向中心聚集的趋势。随着转杯半径的减小，纤维颗粒的分布范围也减小。随着时间的增加，底部纤维的分布沿旋转方向延伸，这也导致纤维环尾部较薄。纤维环尾部较薄的另一个原因是纤维颗粒在滑动壁上分布不均匀。周围的分布区域纤维体积分数较小，这反映了纤维颗粒的密度分布不均匀。

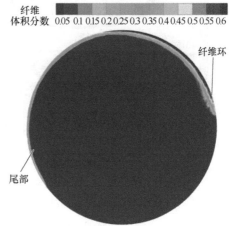

图6-41　转杯中的纤维环

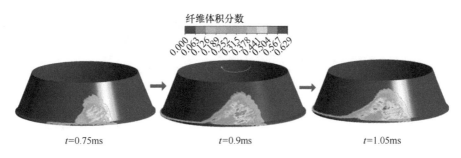

图6-42　不同时刻的纤维颗粒在滑移面的分布

2. 转杯速度的影响

当t=0.10ms时，不同转速下转杯内壁面纤维颗粒的分布如图6-43所示。不同转杯的质量流率、滑动壁角等参数完全相同。由图6-43可以看出，纤维环的长度从长到短的排序为：c、b、a。由此可知，较高的转杯转速有助于纤维环的增加，这也意味着更高的生产率。而如果输送的速度成比例提高，纤维的数量相同的情况下，则纤维环越长，纤维越薄。将滑移面的纤维分布投影到二维平面，并置于同一坐标系下，相应的纤维颗粒的分布如图6-44所示。从图6-44可以看出，不同转速下，滑移面上的纤维颗粒分布非常相似。比较可知，转杯速度对滑移面上纤维分布的影响很小。

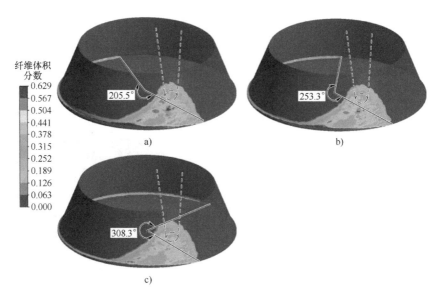

图6-43 $t = 0.10\text{ms}$ 时不同转速下转杯内壁面纤维颗粒的分布

a) $n = 100000\text{r/min}$ b) $n = 120000\text{r/min}$ c) $n = 150000\text{r/min}$

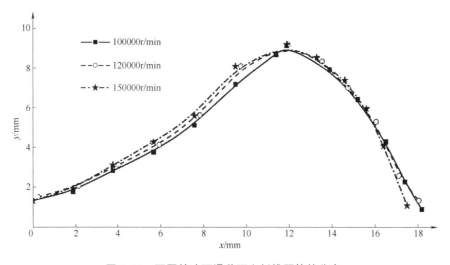

图6-44 不同转速下滑移面上纤维颗粒的分布

3. 滑移面倾角的影响

影响纤维分布的另一个重要参数是滑移面倾角。图6-45所示为 $t = 1\text{ms}$ ，$n = 120000\text{r/min}$ 时滑移面上纤维颗粒的分布。不同转杯的质量流率、转子转速等参数完全相同。如图6-45所示，纤维环的形状和长度非常接近。由此可得知，滑移面的角度不是影响纤维环的关键因素。将滑移面的分布投影到二维平面，并置于同一坐标系下，不同角度下滑移面上纤维颗粒的分布如图6-46所示。L_a、L_b 和 L_c 代表三种分布的宽度，而 H_a、H_b 和 H_c 代表三种分布的高度。根据图 6-46 可知，$L_a > L_b > L_c$，$H_c > H_b > H_a$。这意味着，倾角越大，分布越分散；倾角越小，分布越集中。分布差别主要体现在 A 区，这是由纤维颗粒在切向和圆周方向的滑动引起的。而沿着圆周方向的滑动对纤维凝聚前的拉伸至关重要。L 值越大，意味着纤维颗粒滑移距离越长，这有利于提高纱线中直纤维的比例。因此，在一定范围内，滑移面倾角越小，越有利于提高纱线质量。

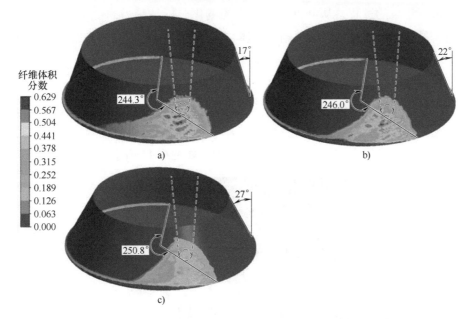

图 6-45　$t = 1\text{ms}$，$n = 120000\text{r/min}$ 时滑移面上纤维颗粒的分布

a）倾角为 17°　b）倾角为 22°　c）倾角为 27°

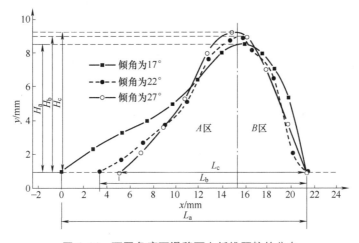

图 6-46　不同角度下滑移面上纤维颗粒的分布

6.5 试验验证

6.5.1 试验台搭建

主要对纤维输运、凝聚部分进行研究，即研究纤维从输送管内运动到转杯内形成纤维束的过程，从纤维运动形态的变化分析其受力的变化和气流特性。因整台转杯纺纱器体积巨大、结构紧凑，且纺纱器部分不透明，看不清纤维在其内部的运动状态，不利于对纤维输运部分进行拍摄研究。对此我们主要把转杯、纤维输送管和负压空腔部分进行分离，利用高速摄影仪拍摄研究纤维在输送管内输送及在凝聚槽内凝聚这两部分状态。因为要对转杯内部纤维运动进行拍摄研究，所以要求转杯透明可视，以方便看清内部纤维流的形态。因此将转杯、输送管和负压空腔部分进行透明化处理，如图 6-47 所示。

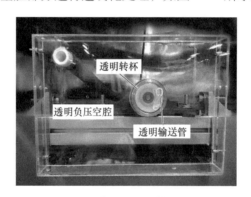

图 6-47 透明转杯、输送管和负压空腔

试验中，因为转杯尺寸小（直径为 54mm）、旋转速度快（$n \approx 50000\text{r/min}$），故对转杯轴承要求高。若采用旋转电动机输出轴直接连接转杯转轴的方式驱动转杯旋转，则对电动机本身性能的要求很高，需要电动机本身最高转速高、结构精度高、振动小，这种方式成本很大；若采用齿轮变速传动，则对空间位置要求高，且整体振动大，不利于转杯高速旋转。综合考虑，本文设计采用龙带传动方式，借助电动机输出带轮直径与转杯转轴直径之间的巨大差距，产生较大的变速比来大幅度提高转杯转速，较低的电动机转速便可以驱动转杯高速旋转，这样对电动机本身转速的要求有所降低。同时因为龙带的柔韧性，高速旋转过程中不会造成过大的振动和偏心。龙带传动平面示意图如图 6-48 所示，主要机构、型号及主要参数见表 6-9。

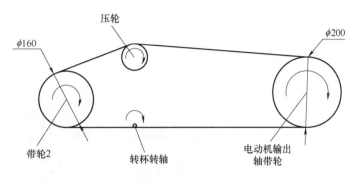

图 6-48　龙带传动平面示意图

表 6-9　主要机构、型号及主要参数

机构	型号	主 要 参 数
电动机	YE2-90L-2	功率为 2.2kW；电压为 380V；电流为 4.9A；转速为 2840r/min；效率为 82%
气泵	GL510110	功率为 1.1kW；流量为 210m³/h；吸入压力为 –170mbar；排气压力为 170mbar
转杯	抽气式	转杯直径为 54mm；转轴直径为 8.9mm
龙带		尺寸为 2200mm×30mm×2.5mm

　　根据图 6-48 和表 6-9 中的参数，对试验中转杯转速情况进行简要介绍。转杯转轴直径为 8.9mm，电动机额定转速为 2840r/min，传动效率为 82%，根据带传动线行程相等原则计算，则有

$$\pi D_1 n_1 \eta_1 \eta_2 = \pi D_3 n_3 \qquad (6-1)$$

式中，n_1 和 n_3 分别为电动机转速和转杯转速，其中 n_1 为 2840r/min；D_1 和 D_3 分别为电动机输出轴带轮直径和转杯转轴直径，其中 D_1 为 200mm，D_3 为 8.9mm；η_1 为电动机转动效率，其值为 82%；η_2 为龙带传动效率，根据摩擦系数及安装情况，其值取为 85%。将各参数带入式（6-1），便可以得到转杯转速 n_3 约为 45000r/min。

　　进行纤维运动拍摄试验之前，我们首先将透明转杯、输送管和负压空腔等部件进行搭接，得到转杯转动试验台。然后根据研究目的设计拍摄方案，主要拍摄方案有三点。第一是对纤维输送管内纤维运动形态进行研究，拍摄时镝灯光源正对转杯，高速摄影仪垂直于纤维输送管截面拍摄，这样便能采集到透明纤维输送管内纤维的动态图像。这里设计三种不同渐缩度的纤维输送管，拍摄比较纤维输送管结构不同时管内纤维运动形态的异同。第二是对转杯凝聚槽内

223

纤维运动形态进行研究，相反的，镝灯光源垂直于纤维输送管截面，高速摄影仪正对转杯凝聚槽水平截面拍摄，这样便能采集到纤维经输送管进入透明转杯内的动态图像及凝聚槽内纤维的动态图像。第三是对输送管出口处滑移面上的纤维颗粒流进行拍摄，摄影仪正对输送管出口。试验装置示意图如图6-49所示，拍摄中根据研究对象不同改变摄影仪和镝灯的位置。

图6-49　纤维运动高速摄影试验装置示意图

6.5.2　试验结果分析

1. 不同纤维输送管内纤维的运动特性分析

根据表6-7做出不同渐缩度的透明纤维输送管，如图6-50所示。根据试验方案一，首先研究不同渐缩度时纤维输送管内纤维的运动特性。

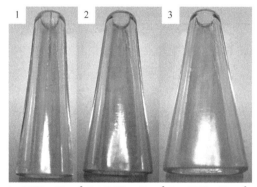

入口面积：30mm²　入口面积：45mm²　入口面积：75mm²
出口面积：20mm²　出口面积：20mm²　出口面积：20mm²

图6-50　不同渐缩度的透明纤维输送管

图6-51所示为纤维在输送管入口处因补充气流的抽吸作用而进入输送管内的运动状态图。从图中可以看出，纤维在输送管入口外部时处于相对分离的状态，各根纤维之间有较大的间距，暂时无抱合状态，随着纤维不断往输送管入口运动，头端较为分离的纤维不断聚拢在一起，各根纤维之间的间距不断减小，进入输送管后便已抱合成纤维束，运动过程中纤维没有出现折叠弯曲现象，且在输送管内出现了拉伸的趋势。根据此现象我们可以知道，首先，渐缩式纤维

输送管内气流速度的不断增加，有助于纤维直线运动，可以减少纤维运动过程中的弯曲、折钩等不良情况，进而可以提高成纱质量；其次，纤维在运动过程中速度不断增大，且有不断往输送管中心汇聚成束的趋势，这样有利于提高成纱效率。

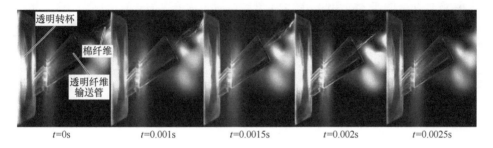

$t=0s$　　　$t=0.001s$　　　$t=0.0015s$　　　$t=0.002s$　　　$t=0.0025s$

图 6-51　纤维在输送管内的运动状态

图 6-52 所示为不同渐缩度纤维输送管内纤维束的形态图，从图中可以看出，1 号输送管内的纤维伸直度要小于 2 号和 3 号，3 号输送管内纤维最为挺直，说明在负压相同的情况下，输送管渐缩度越大，入口和出口面积相差越大，气流速度便相差越大，纤维头端和尾端所受气流力便相差越大，从而导致纤维在输送管内的直线形态有差别。试验模型中，纤维输送管出口截面积相同，3 号输送管入口截面最大，1 号输送管入口截面最小，这样 1 号输送管出口与入口气流速度相差小，纤维头端与尾端受力相差小，故其易出现弯曲现象。

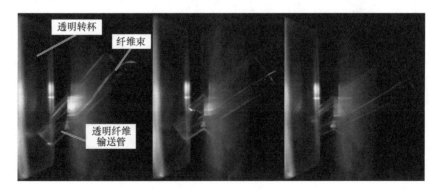

图 6-52　不同渐缩度纤维输送管内纤维束的形态图

因为纤维在输送管内呈直线飞行的状态，忽略纤维的伸长，可以将纤维假设为刚性直杆，刚性直杆上的任意一点的速度便代表纤维此刻在输送管内的速度，进而我们可以利用纱线微段来代替刚性长纤维，微段体积小、质量轻，在气流力作用下可以充分运动，并可以通过微段速度的变化推测气流速度的变化，因此通过纱线微段拍摄试验，利用IPP6.0软件对微段运动图进行处理，求取每一种工况下的微段速度。

将拍摄图片导入 Image Pro-Plus 6.0（IPP）软件中，以转杯凝聚槽水平截面中心为坐标原点，旋转轴为 X 轴，转杯径向为 Y 轴建立直角坐标系，如图6-53所示。取连续帧图像，图像上纤维微段坐标依次为 $(X_1，Y_1)$，$(X_2，Y_2)$，$(X_3，Y_3)$，…，$(X_n，Y_n)$，根据坐标点的变化可以求出在此帧间纤维微段运动的距离，进而可以求出此帧间纤维微段的速度。因相邻两帧之间时间间隔很小，故可以采用相隔2帧间距内纤维微段运动速度的平均值来表征纤维在此条件下的飞行速度，用相邻时刻的速度差来表示纤维此刻的加速度，计算公式为

$$\begin{cases} v_x = \dfrac{X_n - X_{n-1}}{\Delta t} \\[2mm] v_y = \dfrac{Y_n - Y_{n-1}}{\Delta t} \\[2mm] v = (v_x^2 + v_y^2)^{\frac{1}{2}} \\[2mm] a = \dfrac{v_n - v_{n-1}}{\Delta t} \end{cases} \tag{6-2}$$

式中，v_x 和 v_y 分别为纤维微段在 X、Y 方向上的分量速度；v 为纤维微段整体的速度；Δt 为帧间时间间隔；a 为两帧之间微段的加速度。

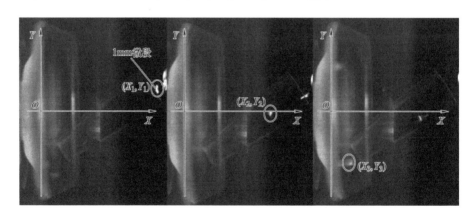

图6-53　求解纤维速度特性示意图

将纤维输送管分为三段：上部（入口处）、中部和下部（出口处），对多组试验数据进行速度处理，手动跟踪纱线微段，求取不同情况下纤维在输送管内不同部位的运动速度，绘出输送管内不同位置处纤维速度，如图6-54所示。

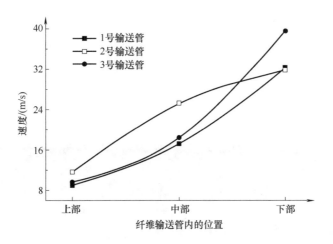

图 6-54   输送管内不同位置处纤维速度

从图 6-54 可以看出，虽然纤维输送管类型不同，但是纤维运动趋势相同，均是从输送管入口到出口速度不断增大，且不同渐缩度的输送管入口处速度相差不大，约为 10m/s。而渐缩度越大，在输送管出口处纤维速度也就越大，3 号输送管出口处纤维速度最大，约为 40m/s，而 1 号和 2 号输送管出口处速度基本相同，约为 32m/s。同时可以看出，3 号输送管内纤维速度的变化最大，加速度大，曲线呈下凹形，坡度大；1 号输送管内纤维速度变化小，加速度小，曲线坡度较 3 号小；而 2 号输送管内纤维速度变化小，加速度小，曲线呈上凸形，坡度小。速度分布趋势和输送管内纤维束的形态对应，3 号输送管因为前后速度相差大，前端受力大，所以纤维束直线度最高；1 号输送管内纤维速度变化小，前、后端受力相差小，纤维容易出现弯曲现象；2 号输送管虽然速度变化小，但因为整体速度比 1 号输送管内速度大，故其伸直度也要优于 1 号。因为短纱线段要比实际生产中单纤维体积大，重量大，所以实际上输送管内纤维速度要大于本试验中求取的速度，生产中，可以采用大渐缩度输送管来提高纤维伸直度。

2. 凝聚槽内纤维的运动特性分析

图 6-55 所示为透明转杯，转杯直径为 54mm，凝聚槽形式为 U 形。根据试验方案二，拍摄研究纤维在转杯凝聚槽内的运动特性。

图 6-56 所示为纤维经输送管进入转杯的运动状态，纤维在输送管内逐渐汇合成纤维束，然后加速进入转杯，在进入转杯后瞬

图 6-55   透明转杯

间头端出现折弯，弯头指向与转杯旋转方向一致，然后触到转杯滑移面，从滑移面滑到凝聚槽内凝聚，整个滑移过程纤维紧贴壁面，无卷曲现象。纤维进入转杯后出现顺旋转方向的弯曲现象，可以说明在输送管出口处纤维受到切向气流力作用，气流经输送管进入转杯后便出现顺旋转方向的切向流动，与仿真结果一致。

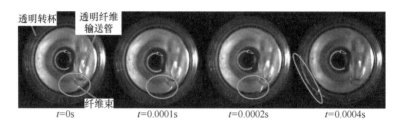

图 6-56　纤维经输送管进入转杯的运动状态

图 6-57 所示为纱线微段（1mm）在转杯内的运动状态图。这里我们利用 1mm 纱线微段代替纤维颗粒，微段同样也具有指向性，从 $t = 0.001\text{s}$ 中纱线微段的位置形态可以看出，此处微段出现倾斜，倾斜方向与转杯旋转方向相同，说明转杯内气流呈旋转状态，在纤维输送管出口处便存在切向气流流动，切向气流给微段施加作用力使其出现顺转杯旋转方向的倾斜。

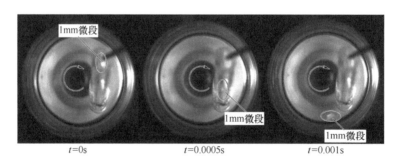

图 6-57　纱线微段在转杯内的运动状态图

截取纤维输送管出口处水平截面上纤维相的浓度云图，如图 6-58 所示，从图中可以看出，纤维相从输送管流出后进入转杯，并不是直线冲向滑移壁面，而是与水平线之间有一定的角度 η，偏转方向与转杯旋转的方向一致，说明此处存在与转杯旋转方向一致的旋转气流，将纤维相吹动成一定角度。结合实验图 6-56 和图 6-57，对比发现试验结果和仿真结果一致，说明仿真结果具有一定的正确性。

图 6-59 所示为纤维束在凝聚槽内旋转的运动状态图，从图中可以明显看

出，纤维进入转杯后在转杯离心力的作用下紧贴凝聚槽内壁面随转杯旋转运动，并且没有出现在转杯的中间区域，也没有出现纤维卷曲波动等不良现象。根据图 6-59 可以求出纤维束在凝聚槽内的旋转线速度为 42m/s。对比图 6-58，纤维相进入转杯后也是在凝聚槽内凝聚，其他区域无纤维存在，试验结果与仿真结果一致。

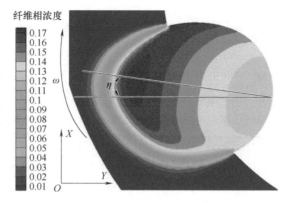

图 6-58　输送管出口处水平截面上纤维相浓度云图

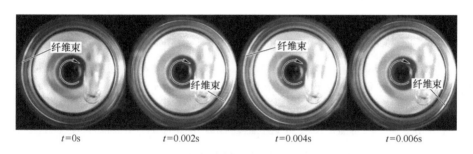

图 6-59　纤维束在凝聚槽内旋转的运动状态图

3. 滑移面上纤维颗粒的运动特性分析

采用试验方案三，将摄影仪正对输送管出口，用纤维颗粒代替长纤维，将其从输送管入口处自由释放，拍摄其在转杯滑移面上的运动状态，如图 6-60 所示。从图中可以看出，纤维颗粒从输送管进入转杯后便随转杯旋转运动，之后在离心力的作用下甩向滑移面，并沿滑移面运动到凝聚槽内，纤维颗粒聚集在正对输送管的滑移面上，成平铺状态，并不是抱团状，之后在凝聚槽内形成纤维束，其形态分布与仿真结果比较吻合。

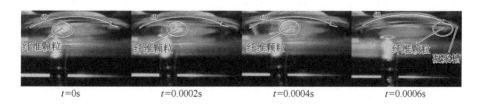

图 6-60　转杯滑移面上纤维颗粒的运动状态

参 考 文 献

［1］ ADANUR S, MOHAMED M H. Analysis of yarn tension in air-jet filling insertion ［J］. Textile Research Journal, 1991, 61（5）: 259-266.

［2］ ADANUR S, BAKHTIYAROV S. Analysis of air flow in single nozzle air-jet filling insertion: corrugated channel model ［J］. Textile Research Journal, 1996, 66（6）: 401-406.

［3］ ADANUR S, TACIBAHT T. Effects of air and yarn characteristics in air-jet filling insertion part Ⅱ: yarn velocity measurements with a profiled reed ［J］. Textile Research Journal, 2004, 74（8）, 657-661.

［4］ ISHIDA M, OKAJIMA A. Flow characteristics of the main nozzle in an air-jet loom: part Ⅰ: measuring flow in the main nozzle ［J］. Textile Research Journal, 1994, 64（1）: 16-20.

［5］ SHINTANI R, DONJOU I, CHIKAOKA K, et al. Air stream ejected from sub-nozzles of air jet loom ［J］. Journal of the Textile Machinery Society of Japan: English Edition, 1996, 42（3-4）: 80-85.

［6］ SHINTANI R, OKAJIMA A. Air flow through a weft passage of profile reed in air jet looms ［J］. Journal of Textile Engineering, 2002, 48（1）: T9-T16.

［7］ FUKAI S. Flow characteristics in weft-acceleration pipe of air-jet loom effect of forced flow through weft-guide pipe of main nozzle ［J］. Journal of the Textile Machinery Society of Japan, 1992, 38（4）: 95-100.

［8］ OH T H, KIM S D, SONG D J. A numerical analysis of transonic/supersonic flows in the axisymmetric main nozzle of an air-jet loom ［J］. Textile Research Journal, 2001, 71（9）: 783-790.

［9］ 颜幼平, 张文赓, 陈元甫. 射流的间歇性对气流引纬的影响 ［J］. 东华大学学报（自然科学版）, 1995（4）: 96-100.

［10］ 王贯超, 张平国, 梁海顺, 等. 功能型提速辅助喷嘴的研制与探讨 ［J］. 纺织器材, 2004（06）: 19-20.

［11］ 王贯超, 张平国, 梁海顺, 等. 喷气织机主喷嘴气流性能的测试与分析 ［J］. 棉纺织技术, 2005（02）: 22-25.

［12］ 李颖, 叶国铭. 自动络筒机空气捻接器的机构分析与设计 ［J］. 东华大学学报（自然科学版）, 1997, 023（1）: 12-18.

［13］ GITHAIGA J, VANGHELUWE L, KIEKENS P. Relationship between the properties of cotton rotor spun yarns and the yarn speed in an air-jet loom ［J］. Journal of the Textile Institute Proceedings & Abstracts, 2000, 91（1）: 35-47.

［14］IWAKI N, KINARI T, YAMAZAKI H. Analysis of yarn tension in air-jet nozzle ［J］. Journal of the Textile Machinery Society of Japan, 1988, 41 (10): 145-151.

［15］KAREL P, OKAJIMA A. The dynamics of weft movement in final phase of the weft insertion on air jet loom ［D］. Liberec: Technical University of Liberec, 2006.

［16］王伟宾. 喷气织机辅助喷嘴对流场速度分布的影响 ［J］. 纺织学报, 2001 (03): 27-29.

［17］闫海江, 张聚昌. 新型纤维素纤维纱线空气捻接参数的优化 ［J］. 棉纺织技术, 2018 (2): 63-66.

［18］吴震宇, 陈小天, 石鹏飞, 等. 采用响应曲面法的纱线空气捻接参数优化 ［J］. 纺织学报, 2016 (1): 41-46.

［19］DAS A, ISHTIAQUE S M, NAGARAJU V. Study on splicing performance of different types of staple yarns ［J］. Fibers & Polymers, 2004, 5 (3): 204-208.

［20］DAS A, ISHTIAQUE S M, PARIDA J R. Effect of fiber friction, yarn twist, and splicing air pressure on yarn splicing performance ［J］. Fibers & Polymers, 2005, 6 (1): 72-78.

［21］RUTKOWSKI J. Tenacity of cotton yarns joined during the rewinding process ［J］. FIBRES & TEXTILES in Eastern Europe, 2011, 19 (1): 34-36.

［22］BAYKALDI B, TASKIN C, NAL P G, et al. Parameters affecting the properties of the spliced cotton/elastane blended core yarns ［J］. Tekstil Ve Konfeksiyon, 2011, 21 (2): 140-146.

［23］JAOUACHI B. Evaluation of spliced open-end yarn performances using fuzzy method ［J］. Journal of Natural Fibers, 2013, 9 (4): 290-309.

［24］DE MEULEMEESTER S, MALENGIER B, VAN LANGENHOVE L. Experimental investigation and optimization of ends-together pneumatic splice chambers ［J］. Textile Research Journal, 2016, 86 (17): 1803-1815.

［25］ÜNAL P G, ÖZDIL N, TAŞKIN C. The effect of fiber properties on the characteristics of spliced yarns part Ⅰ: prediction of spliced yarns tensile properties ［J］. Textile Research Journal, 2009, 80 (5): 429-438.

［26］ÜNAL P G, ARIKAN C, ÖZDIL N, et al. The effect of fiber properties on the characteristics of spliced yarns: Part Ⅱ: prediction of retained spliced diameter ［J］. Textile Research Journal, 2010, 80 (17): 1751-1758.

［27］PELIN G Ü, CIHAT A N Ö. The effect of fiber properties on the characteristics of spliced yarns: Part Ⅱ: prediction of retained spliced diameter ［J］. Textile Research Journal, 2010, 80 (17): 1751-1758.

［28］胡晓青, 周建亨, 秦鹏飞. 利用 CFD 技术对空气捻接器的分析研究 ［J］. 纺织机械, 2004, (2): 37-39.

［29］GUO H F, CHEN Z Y. Numerical simulation of tangentially injected turbulent swirling flow in

a divergent tube [J]. International Journal for Numerical Methods in Fluids, 2010, 61 (7):
796-809.

[30] 常德功, 安聪锋, 杨钊. 三孔捻接腔流场分析 [J]. 青岛科技大学学报（自然科学版），
2011, 32 (03): 291-294.

[31] 陈琳荣. 基于瞬态流场仿真技术的捻接过程分析及实验验证 [D]. 杭州：浙江理工大
学, 2013.

[32] 陈兵海. 旋转气流作用下纱线缠绕过程数值模拟及其实验验证 [D]. 杭州：浙江理工
大学, 2017.

[33] XING X, YE G M. 3D numerical simulation of the airflow in a pneumatic splicer [J]. Ap-
plied Mechanics and Materials, 2011, 130-134: 2345-2348.

[34] ELDEEB M, MOUČKOV Á E. Numerical simulation of the yarn formation process in rieter air
jet spinning [J]. Journal of the Textile Institute, 2016, 108 (7): 1-8.

[35] OSMAN A, DE MEULEMEESTER S, MALENGIER B, et al. Numerical prediction and exper-
imental analysis of ends-together yarn splicing [J]. Textile Research Journal, 2016, 87
(12): 1457-1468.

[36] 林庆泽. 纤维捻接的机理研究及关键参数影响作用分析 [D]. 杭州：浙江理工大
学, 2012.

[37] 石鹏飞. 纱线气动捻接行为的仿真及实验研究 [D]. 杭州：浙江理工大学, 2016.

[38] WU Z Y, SHI P F, HU X D. Study on the filament motion and joint forming mechanism in the
pneumatic yarn splicing process [J]. Textile Research Journal, 2016, 86 (18): 2000-2012.

[39] WEBB C J, WATERS G T, THOMAS A J, et al. The use of the Taguchi design of experiment
method in optimizing splicing conditions for a Nylon 66 yarn [J]. Journal of the Textile Insti-
tute, 2007, 98 (4): 327-336.

[40] WEBB C J, WATERS G T, LIU G P, et al. The use of visualization and simulation techniques
to model the splicing process [J]. Journal of the Textile Institute, 2010, 101 (10):
859-869.

[41] FORGACS O L, MASON S G. Particle motions in sheared suspensions X. Orbits of flexible
threadlike particles [J]. Journal of Colloid and Interface Science, 1959, 14 (5): 473-491.

[42] LUNENSCHLOSS J, COLL-TORTOSA L, SIERSCH E. Fiber flow and fiber orientation in the
fiber transport channel of an O E rotor spinning machine [J]. Chemiefasern/Textilindustrie,
1976, 26 (78), 165-169.

[43] EK R, MOLLER K, NORMAN B. Measurement of velocity and concentration variations in di-
lute fiber/air suspensions using a laser dopler anemometer [J]. Tappi, 1978, 61 (9):
49-52.

[44] HOWALDT M, YOGANATHAN A P. Laser-doppler anemometry to study fluid transport in fi-

brous assemblies [J]. Textile Research Journal, 1983, 53 (9): 544-551.

[45] BANER W, MULLER H, TABIBI S. Fiber flow and its effects on the characteristics of OE spun yarns [J]. Textil Praxis International, 1989, 44: 15-17.

[46] LAWRENCE C A, CHEN K Z. A study of the fiber-transfer-channel design in rotor-spinning, part 1: the fiber trajectory [J]. Textile Institute, 1988, 79 (3): 367-392.

[47] WAND Y, CARR W W, Cook F L. Analysis of fiber-particle airflow interaction and its application to the development of a novel card-spinning system [Z]. National Textile Center, 1999.

[48] BRAGG C K, SHOFNER F M. A rapid, direct measurement of short fiber content [J]. Textile Research Journal, 1993, 63 (3): 171-176.

[49] ZHANG J, CHILDRESS S, LIBCHABER A, et al. Flexible filaments in a flowing soap film as a model for one-dimensional flags in a two-dimensional wind [J]. Nature, 2000, 408: 835.

[50] 唐佃花,赵明良,丛森滋,等. 第一喷嘴结构参数对喷气纱强力的影响 [J]. 纺织学报, 2007, 28 (1): 25-27.

[51] 曾泳春,郁崇文. 喷气纺喷嘴中气流流动的数值计算 [J]. 东华大学学报 (自然科学版), 2002 (5): 13-18.

[52] 曾泳春. 纤维在喷嘴高速气流场中运动的研究和应用 [D]. 上海:东华大学, 2003.

[53] JEFFERY G B. The motion of ellipsoidal particles immersed in a viscous fluid [J]. Proceedings of the Royal Society of London. Series A: Mathematical and Physical Sciences, 102 (715): 161-179.

[54] YAMAMOTO S, MATSUOKA T. A method for dynamic simulation of rigid and flexible fibers in a flow field [J]. Journal of Chemical Physics, 1993, 98 (1): 644-650.

[55] YAMAMOTO S, MATSUOKA T. Viscosity of dilute suspensions of rod like particles: a numerical simulation method [J]. Journal of Chemical Physics, 1994, 100 (4): 3317-3324.

[56] SMITH A C, ROBERTS W W. Straightening of crimped and hooked fibers in converging transport ducts: computational modeling [J]. Textile Research Journal, 1994, 64 (6): 335-344.

[57] CHEN R H, SLATER K. Particle motion on the slide wall in rotor spinning [J]. Journal of the Textile Institute, 1994, 85 (2): 191-197.

[58] 张长乐. 转杯纺纺杯内纤维运动状态的分析 [J]. 棉纺织技, 1991, 19 (12): 718-722.

[59] KONG L X, PLATFOOT R A. Computational two-phase air/fiber flow within transfer channels of rotor spinning machines [J]. Textile Research Journal, 1997, 67 (4): 269-278.

[60] 朱泽飞,林建忠. 纤维状离子悬浮流动力学分析 [M]. 上海:中国纺织大学出版社, 2000: 1-15.

[61] ZHU L, PESKIN C S. Simulation of a flapping flexible filament in a flowing soap film by the immersed boundary method [J]. Journal of Computational Physics, 2002, 179 (2): 452-468.

[62] ZENG Y C, YU C W. A bead-elastic rod model for dynamic simulation of fibers in high speed air flow [J]. International Journal of Nonlinear Sciences and Numerical Simulation, 2003, 2: 201-202.

[63] ZENG Y, YU C. Numerical simulation of fiber motion in the nozzle of an air-jet spinning machine [J]. Textile Research Journal, 2004, 74 (4): 117-122.

[64] 曾泳春. 纤维在喷嘴高速气流场中运动的研究和应用 [D]. 上海: 东华大学, 2003.

[65] ZENG Y C, YANG J P, YU C W. Mixed Euler-Lagrange approach to modeling fiber motion in high speed air flow [J]. Applied Mathematical Modelling, 2005, 9: 253-261.

[66] ZHU L. Viscous flow past a flexible fiber tethered at its centre point: vortex shedding [J]. Journal of Fluid Mechanics, 2007, 587: 217-234.

[67] ZHU L, PESKIN C S. Drag of a flexible fiber in a 2D moving viscous fluid [J]. Comput Fluids, 2007, 36: 398-406.

[68] 裴泽光. 喷气涡流纺纤维与气流耦合作用特性及应用研究 [D]. 上海: 东华大学, 2011.

[69] PEI Z, YU C. Numerical study on the effect of nozzle pressure and yarn delivery speed on the fiber motion in the nozzle of Murata vortex spinning [J]. Journal of Fluids and Structures, 2011, 27: 121-133.

[70] TIAN F, LUO H, ZHU L, et al. An efficient immersed boundary-lattice Boltzmann method for the hydrodynamic interaction of elastic filaments [J]. Journal of Computational Physics, 2011, 230: 7266-7283.

[71] VAHIDKHAH K, ABDOLLAHI V. Numerical simulation of a flexible fiber deformation in a viscous flow by the immersed boundary-lattice Boltzmann method [J]. Communications in Nonlinear Science and Numerical Simulation, 2012, 17 (3): 1475-1484.

[72] YUAN H, NIU X, SHU S, et al. A momentum exchange-based immersed boundary-lattice Boltzmann method for simulating a flexible filament in an incompressible flow [J]. Computers and Mathematics with Applications, 2014, 67: 1039-1056.

[73] NOH W F. CEL: A time-dependent two space-dimensional, coupled Eulerian-Lagrangian code [C]//Methods of Computational Physics, 1964.

[74] PESKIN C S. Flow patterns around heart valves: a digital computer method for solving the equations of motion [D]. New York: Albert Einstein College of Medicine, 1972.

[75] FAN X, PHAN-THIEN N, RONG Z. A direct simulation of fibre suspensions [J]. Journal of non-newtonian fluid mechanics, 1998, 74 (1-3): 113-135.

[76] AUSIAS G, FAN X J, TANNER R I. Direct simulation for concentrated fibre suspensions in transient and steady state shear flows [J]. Journal of Non-Newtonian Fluid Mechanics, 2006, 135 (1): 46-57.

[77] STOCKIE J M, GREEN S I. Simulating the motion of flexible pulp fibres using the immersed boundary method [J]. Journal of computational physics, 1998, 147 (1): 147-165.

[78] KONG L X, PLATFOOT R A. Computational two-phase air/fiber flow within transfer channels of rotor spinning machines [J]. Textile Research Journal, 1997, 67 (4): 269.

[79] FENG Z G, MICHAELIDES E E. The immersed boundary-lattice Boltzmann method for solving fluid-particles interaction problems [J]. Journal of Computational Physics, 2004, 195 (2): 602-628.

[80] FENG Z G, MICHAELIDES E E. Proteus: a direct forcing method in the simulations of particulate flows [J]. Journal of Computational Physics, 2005, 202 (1): 20-51.

[81] WU J, AIDUN C K. A method for direct simulation of flexible fiber suspensions using lattice Boltzmann equation with external boundary force [J]. International Journal of Multiphase Flow, 2010, 36 (3): 202-209.

[82] 上官林建, 中长雨, 刘保臣. 剪切场作用下短纤维复合材料纤维取向的耗散粒子动力学研究 [J]. 功能材料, 2009, 40 (1): 159-161.

[83] 沈忠厚. 水射流理论与技术 [J]. 中国安全科学学报, 1998 (S1) 89-90.

[84] 步玉环, 王瑞和, 沈忠厚. 旋转射流流线分析及旋流强度的计算 [J]. 中国石油大学学报 (自然科学版), 1998, 022 (5): 45-47.

[85] 胡鹤鸣. 旋转水射流喷嘴内部流动及冲击压强特性研究 [D]. 北京: 清华大学, 2008.

[86] MENG J, SEYAM A M, BATRA S K. Carding dynamics part Ⅰ: previous studies of fiber distribution and movement in carding [J]. Textile Research Journal, 1999, 69 (2): 90-96.

[87] ZHOU N, GHOSH T K. On-line measurement of fabric bending behavior: part Ⅲ: dynamic considerations and experimental implementation [J]. Textile Research Journal, 1999, 69 (3): 176-184.

[88] BELFORTE G, MATTIAZZO G, VIKTOROV V, et al. Numerical model of an air jet loom main nozzle for drag forces evaluation [J]. Textile Research Journal, 2009, 79: 1664-1669.

[89] VASUMATHI B V, CHILAKWAD S L, HOSUR H. Comparative studies on some physical and mechanical properties of mulberry silk filament [J]. Indian Journal of Fibre & Textile Research, 1999, 24 (3): 167-171.

[90] BEHERA B K, SHAKYAWAR D B. Structure-property relationship of fibre, yarn and fabric with special reference to low-stress mechanical properties and hand value of fabric [J]. Indian Journal of Fibre & Textile Research, 2000, 25 (3): 232-237.

[91] NEOGI S K, BANDYOPADHYAY A K, BANERJEE N C. Modified tappet shedding mechanism for improved performance of jute loom: part Ⅱ-performance analysis of the mechanism [J]. Indian Journal of Fibre & Textile Research, 2000, 25 (3): 200-205.

[92] CHEN S, MARTINEZ D, MEI R. On boundary conditions in lattice Boltzmann methods [J].

Physics of Fluids, 1996, 8 (9): 2527-2536.

[93] 郭照立, 施保昌, 等. Non—equilibrium extrapolation method for velocity and pressure boundary conditions in the lattice Boltzmann method [J]. 中国物理 b: 英文版, 2002, 11 (4): 366-374.

[94] PESKIN C S. Numerical analysis of blood flow in the heart [J]. Computer, 2015, 25 (3): 220-252.

[95] NIU X D, SHU C, CHEW Y T, et al. A momentum exchange-based immersed boundary-Lattice Boltzmann method for simulating incompressible viscous flows [J]. Physics Letters A, 2006, 354 (3): 173-182.

[96] ZHANG J, CHILDRESS S, LIBCHABER A, et al. Flexible filaments in a flowing soap film as a model for one-dimensional flags in a two-dimensional wind [J]. Nature, 2000, 408 (6814): 835-839.

[97] ZHU L, PESKIN C S. Simulation of a flapping flexible filament in a flowing soap film by the immersed boundary method [J]. Journal of Computational Physics, 2002, 179 (2): 452-468.

[98] SADYKOVA F K. The poisson's ratio of textile fibres and yarns [J]. Fibre Chemistry, 1972, 3 (2): 180-183.

[99] 徐玉明, 迟卫. PIV 测试技术及其应用 [J]. 舰船科学技术, 2007, 29 (03): 101-105.

[100] SIMONEAU J P, SAGEAUX T, MOUSSALLAM N, et al. Fluid structure interaction between rods and a cross flow-numerical approach [J]. Nuclear Engineering and Design, 2011, 241 (11): 4515-4522.

[101] MURUGAN R, DASARADAN B S, KARNAN P, et al. Fibre rupture phenomenon in rotor spinning [J]. Fibers and Polymers 2007, 8 (6): 665-668.

[102] ISHTIAQUE S M. Longitudinal fiber distribution in relation to rotor spun yarn properties [J]. Textile Research Journal, 1989, 59: 696-699.